云计算与虚拟化技术丛书

EDGE CLOUD OPERATIONS
A SYSTEMS APPROACH

边缘云部署与运营
系统性实现方法

[美] 拉里·彼得森（Larry Peterson） 斯科特·贝克（Scott Baker）
安迪·巴维尔（Andy Bavier） 扎克·威廉姆斯（Zack Williams） ◎著　王天青 ◎译
布鲁斯·戴维（Bruce Davie）

U0125839

机械工业出版社
CHINA MACHINE PRESS

北京市版权局著作权合同登记　图字：01-2022-3978 号。

图书在版编目（CIP）数据

边缘云部署与运营：系统性实现方法 /（美）拉里·彼得森（Larry Peterson）等著；王天青译 . -- 北京：机械工业出版社，2023.12
（云计算与虚拟化技术丛书）
书名原文：Edge Cloud Operations: A Systems Approach
ISBN 978-7-111-73998-2

I. ①边… II. ①拉… ②王… III. ①云计算 IV. ① TP393.027

中国国家版本馆 CIP 数据核字 (2023) 第 189667 号

机械工业出版社（北京市百万庄大街 22 号　邮政编码：100037）
策划编辑：赵亮宇　　　　　责任编辑：赵亮宇
责任校对：王乐廷　张　薇　责任印制：常天培
北京铭成印刷有限公司印刷
2023 年 12 月第 1 版第 1 次印刷
186mm × 240mm·10 印张·126 千字
标准书号：ISBN 978-7-111-73998-2
定价：69.00 元

电话服务　　　　　　　　　网络服务
客服电话：010-88361066　　机　工　官　网：www.cmpbook.com
　　　　　010-88379833　　机　工　官　博：weibo.com/cmp1952
　　　　　010-68326294　　金　书　网：www.golden-book.com
封底无防伪标均为盗版　　　机工教育服务网：www.cmpedu.com

译者序

我一直从事和云计算相关的工作，2010 年开始接触 OpenStack，2011 年开始接触 Cloud Foundry，从 2015 年开始，一直和 Docker、Swarm、Kubernetes 打交道，做过甲方的基础设施，也在容器云的创业公司做过产品，现在在星环信息科技（上海）股份有限公司负责一个基于 Kubernetes 的大数据平台的研发工作。

在翻译的过程中，我一直思索如何翻译好本书的书名。我有两个困扰，一个是对于边缘云的认知，另一个是对于系统方法的翻译。

在实践中，云边协同一般会包含云、边和设备。这里的"云"可能是企业自己建设的一个 Kubernetes 集群，也可能是运行在公有云上的一个 Kubernetes 集群；而"边"则是由一台或者几台配置较低的服务器组成的小集群，用于接入 IoT 设备，一般使用 K3s 等轻量级 Kubernetes 方案进行部署，并运行一些模型或者管理程序，完成本地计算；设备则是指 IoT 设备，使用 MQTT 等协议接入边缘集群。书中提到的边缘云平台 Aether 的规模会比一般意义上的边缘云集群规模大，主要是因为它承担了 5G 连接服务以及接入了视频监控等业务，所以一般很少能够以单节点方式运行。它的规模实际上和我们一般说的"云"的集群规模差不多，但从本质上还是"云－边－设备"这样的架构。

系统方法一词经常可以在论文或者专利中看到，印象中一般伴随着大量的公式和证明。而本书提到的系统方法，更多的是以 Aether 平台为例，细致地阐述从边缘云整个平台的架构设计到每个子系统的构建与运维的相关内容，使得读者可以比较全面地了解边缘云的建设与运维。

因此，我将本书的英文书名 *Edge Cloud Operations: A Systems Approach* 翻译为"边缘云部署与运营：系统性实现方法"，期望读者不要因系统方法一词而望而却步。

本书的翻译是利用业余时间完成的，感谢家人的理解和支持，可以让我有充分的时间进行阅读和翻译。限于本人水平，译文难免存在纰漏，欢迎读者通过邮件方式和我联系，本人的邮箱是：wang.tianqing.cn@outlook.com。

序

起初人们将应用都迁移到了云上，如今又开始将它们分散部署。大家可能会很困惑，为什么会这样？接下来我会解释这种现象背后的原因。

随着市场规模的增长，用于构建业务的功能单元会逐渐变小。汽车工业的发展史就是一个典型的例子。福特荣格综合体（Ford River Rouge Complex，也称为福特荣格工厂）于 20 世纪 20 年代末建造。在那个年代，量产汽车相对来讲还是新事物，市场也相对较小，因此像福特荣格工厂这样的厂商必须制造汽车的所有零部件。大致来说，从工厂的一边输入水、橡胶和铁矿石等材料，从另一边产出汽车。当然，随着汽车市场的增长，庞大的汽车零部件供应链也在发展，包括配套的车轮、座椅、脚垫等。今天的大型汽车制造公司更像是集成商，而不是汽车零部件生产商。

应用程序领域也发生了同样的变化。在 20 世纪 70 年代，同一家制造商会生产芯片、电路板、系统组件、操作系统和各种配套的应用程序。随着时间的推移，市场规模快速增长，软硬件开始分家。硬件和软件的分离催生了许多独立的公司。这些公司围绕着独立的应用生态被创建出来。

这个市场一直没有停止增长，在过去的几年我们看到了应用的解耦。应用程序的通用（子）组件正在被抽离出来，不同公司以及项目围绕着这些通用组件而被创建。今天如果需要构建一个新的应用，可以很方便地集成第三方 API 来完成用户身份验证、发送文本或电子邮件、流媒体视频、授权资源访问以及许多其他有用的功能。

这种趋势和本书有什么关系？虽然过去十年我们看到应用大规模向云迁移，但下一个十年我们会看到应用及其组件远离云的爆炸式增长。如今工作负载的子组件已经在很大程度上与应用分离，因此它可以在任何地方运行，特别是运行在专门为它们构建和优化的基础设施上！事实上，我们开始看到一种被描述为反云（anti-cloud）的趋势——大公司选择将一些工作负载从一些大型云上迁移回自有的、优化过的基础设施中。我们甚至看到创业公司从一开始就选择构建自己的基础设施，因为它们了解这样做的费效比和性能优势。

本书不仅概述了边缘云运维（最近十几年的情况），还介绍了新时代分布式云的运维。在许多方面，云时代是系统架构的低谷，因为应用层之下的很多信息都深埋在三大云厂商的工程组织中。但这种情况正在发生改变，随之一起改变的是我们需要了解底层是如何运作的，这正是我推荐这本书的初衷。

Martin Casado

a16z 合伙人

前　言

云计算无处不在。每个人都使用云来访问或交付服务，但不一定每个人都会构建和运维云。那为什么我们需要关心如何把一堆服务器和交换机变成 24×7 全天候运行的服务交付平台呢？这是谷歌、微软、亚马逊等云厂商为我们做的事情，而且它们做得非常好。

我们相信，由于分布式应用不仅在大型中央数据中心运行，也在边缘运行，因此云正在以另一种形式变得无处不在。随着应用的解耦，云正在从数百个数据中心扩展到数万家企业。虽然公有云厂商渴望把这些边缘云作为其数据中心的逻辑扩展来管理，但它们并没有垄断实现这一目标的专有技术。

本书提供了一个小型工程师团队可以在一年的时间里建立并且 24×7 全天候运维一个边缘云的路线图。这种边缘云覆盖十几家企业，承载重要的云原生服务——本书的例子是 5G 连接服务。该团队通过使用 20 多个开源组件来实现这一点，但需要注意的是选择这些组件只是一个开始。在整个过程中，我们要做几十个技术决策，还要写几千行配置代码。我们认为本书描述的路线图是一个可重复的过程。对于想进一步了解这个主题的读者，书中列举的配置文件代码是开源的，每个人都可以获得。

当我们说边缘云的时候，是在表达什么意思？我们需要区分由超大规模云厂商在其大规模数据中心运行的云（中心云）以及由处于边缘的企业运行（或管理）的云。边缘是真实物理世界与云的交汇处。例如，边缘（云）可以是收集和处理来源于传感器的数据的地方，也可以是因为时延敏感或带宽要求高而需要让服务靠近最终用户的地方。

我们的路线图可能并不适用于所有情况，但它确实揭示了云运维过程中涉及的基本挑战和利弊取舍。基于我们的经验，这是一个复杂的领域，有太多术语和业务情节需要厘清。

目标读者

希望本书对任何尝试构建和运维自己的边缘云基础设施的人来说都有阅读价值，同时我们希望至少能为另外两大群体提供有用的信息。

首先是正在对基础设施选择做评估，特别是需要在使用云厂商提供的云服务和构建自己的边缘云（或者是两者的某种组合，类似混合云）之间做出选择的读者。我们希望为他们揭开边缘云的神秘面纱，帮助他们做出合适的决定。

其次是那些需要在其组织选中的云基础设施上构建应用和服务的开发人员。我们认为对于开发人员来说，至少在高层次上了解云的底层机制是一件很重要的事情，这样就可以帮助开发人员开发出易于管理和可靠的应用程序。开发人员和运维人员之间的互动越来越密切（DevOps 运动证明了这一点），我们的目标是促进这种合作。监控和可观测性等话题对这类用户尤其重要。

开源导览

好消息是，有大量开源组件可供选择，帮助管理云平台和为这些平台构建可伸缩应用程序。不过这也是坏消息，因为从 Linux 基金会、云原生计算基金会、Apache 基金会和开放网络基金会（ONF）等开源联盟中开源的庞大的、与云相关的项目空间中选择相应的开源项目来构建我们的云管理平台，是我们面临的最大挑战之一。这在很大程度上是因为这些项目都在争夺人们的注意力，所提供的功能有很多重叠，并且彼此之间有额外的依赖。

阅读本书的一种方法是将其作为云控制和管理的开源导览。本着这种精神，我们不会复制那些项目已有的优秀文档，而是包含特定项目的文档链接（通常包括我们鼓励大家尝试的教程）。本书还包括来自这些项目的代码片段，但选择这些示例是为了帮助巩固我们试图就整个管理平台提出的要点，它们不应被解释为试图记录个别项目的内部工作。我们的目标是解释各种拼图如何更好地组合在一起以构建一个端到端的管理系统，并在此过程中识别出各种有用的工具以及任何工具都无法消除的难题。

毫无疑问，我们需要解决一些具有挑战性的技术问题（尽管市场宣传与之相反）。毕竟，如何运作一个计算机系统是一个和操作系统本身同样古老的问题。运维一个云只是这个基本问题的现代版本，随着从设备管理向上延伸为服务管理，这个问题变得更加有趣。总之这是一个既新潮又基本的话题。

致谢

本书介绍的软件要归功于 ONF 工程团队及其合作的开源社区的辛勤工作。我们感谢他们做出的贡献，特别感谢 Hyunsun Moon、Sean Condon 和 HungWei Chiu 对 Aether 控制与管理平台的突出贡献，以及 Oguz Sunay 对 Aether 整体设计的影响。Suchitra Vemuri 对测试和质量保证提供了无价的见解。

本书会不断完善，感谢每个提供反馈的人。请使用问题链接向我们发送你的宝贵意见。另外，可以在 Wiki 上查看目前我们正在处理的待办事项列表。

Larry Peterson、Scott Baker、Andy Bavier、

Zack Williams、Bruce Davie

2022 年 6 月

目　　录

概　　述

云提供了一组用于启动和运维可扩展服务的工具，但首先如何运维云本身呢？这二者之间并不矛盾，毕竟云是通过一组服务实现的，但以这种方式提出问题可以避免给出类似"云会为你处理这些问题"这样的答案。本书将从裸金属硬件开始介绍如何运维云，一直到为用户提供一个或多个托管服务。

很少有人有理由建设超大规模的数据中心，但是在企业中部署私有化的边缘云——并可选择地将边缘云连接到数据中心以形成混合云——正变得越来越普遍。我们使用"边缘云"（edge cloud）与"中心云"（core cloud）相区别，中心云是那些传统超大规模云厂商的领域。边缘云主要出现在企业或工厂的"物联网"环境中。边缘正好是云服务与现实世界连接的地方，例如通过传感器和执行器，以及那些延迟敏感型服务被部署的地方，从而与服务消费者靠近 [⊖]。

   ⊖ 托管在公共基础设施中的服务器集群也可以被视为边缘云，并受益于本书介绍的技术和实践，但我们以企业作为示例部署，因为它们有更广泛的需求。

超大规模云厂商确实愿意为我们管理边缘云，将它作为其中央数据中心的扩展。市场上有很多类似产品，比如谷歌的 Anthos、微软的 Azure Arc 和亚马逊的 ECS-Anywhere。但是运维一个云的门槛并没有高到只有超大规模的云厂商才有足够资金去做。一般企业也可以基于现成的开源软件技术栈来构建云，并提供运维它所需的所有相关生命周期管理和运行时控制。

本书介绍了这样一个云管理平台的样子。我们的方法是聚焦在必须解决的基本问题上，包括所有云都常见的设计问题，然后在运维特定的企业云时，需要将概念讨论与特定工程选择相结合。我们使用 Aether[⊖] 作为例子，它是一个 ONF 项目，用于将支持 5G 的边缘云作为托管服务。Aether 具有以下特性，使其成为有趣的研究用例：

- Aether 开始时被部署在边缘站点（例如企业）的裸金属硬件（服务器和交换机）上。这种本地云的规模可以从部分机架到多机架集群不等，可以根据数据中心的最佳实践进行组装。
- Aether 支持运行在本地集群上的"边缘服务"和运行在公有云数据中心上的"集中式服务"，从这个意义上来说，它就是混合云[⊖]。
- Aether 通过 5G 连接即服务增强了边缘云，并提供了可运维的服务（除了底层云之外）。最终结果是 Aether 为我们提供了一个托管的平台即服务（PaaS）。

⊖ 延伸阅读：Aether: 5G-Connected Edge Cloud (https://opennetworking.org/aether/)。
　　Aether 文档 (https://docs.aetherproject.org/master/index.html)。

⊖ 从技术上讲，Aether 也是一种多云架构，因为它旨在利用多个公有云提供的服务，但私有 / 公有（边缘 / 中心）方面是最相关的，因此在本书中使用"混合云"术语。

- Aether 完全由开源组件构建而成。我们唯一需要增加的东西是使其可被运维所需的"胶水代码"和"规范指令"。这意味着任何人都可以通过遵循文档指示完全复制这种运维方法。

Aether 成为一个有趣的例子的另一个重要原因是，它是部署在三个传统上截然不同的管理领域交汇处的系统：企业（系统管理员长期负责安装和维护专用设备）、网络运营商（其中接入技术历来是作为基于电信的解决方案提供的）和云服务提供商（可以使用商品化硬件和云原生软件）。这种情况使得我们的工作变得复杂，因为这三个领域各自都有自己的约定和术语。但是了解这三个利益相关者是如何处理运维的，可以让我们有更广阔的视野来更好地认知边缘云。我们将在本章后面介绍企业、云、接入技术的融合，这里首先需要解决术语方面的挑战。

开发人员可以发挥同等作用

本书采用以运维为中心的视角来看待云运维，但开发者也可以发挥同样的作用。这个角色反映在像 DevOps（我们将在 2.5 节讨论）这样的实践中，也可以在底层系统设计中看到。云架构包含了一个指定了运行时接口的管理平台，服务开发人员（提供功能的开发人员）通过该接口与云运维人员（管理该功能的人员）进行交互。因为开发人员可以利用一个共享的管理平台，所以在部署、配置、控制和监控所实现的服务时，就不需要（也不应该）重新"发明轮子"。

从更广泛的角度来看，这个管理平台是应用程序构建者和服务开发者向最终用户交付功能的重要组成部分。今天，开发者开发的功能通常以托管服务的方式（而不是一堆死板的软件）交付，这意味着开发者不仅需要考虑实现应用程序或服务所需的算法和数据结构，还需要与运维（激活）其代码的平台进行交互。一种常见的观点是只关注前者并将后者视为负担（特别是当其他人负责部署和运维他们的代码时），但是针对管理平台提供的接口进行编程是交付托管服务的核心部分，理解和欣赏这个平台如何运作以及为什么这么运作对开发人员完成自己的工作至关重要。

1.1 术语

在讨论运维云服务时，我们用到的术语混合了云原生中的"现代"概念以及来自早期系统的"传统"概念（其中许多已经被云计算领域所吸收，但仍然保留了一些传统的运维语言）。在云计算和电信行业的交汇处尤其如此，电信行业拥有极其丰富的网络运维词汇。

在使用云计算相关术语的时候，有时会让人感到困惑，而背后的原因是我们正处于从基于专用设备构建网络系统过渡到在廉价商用硬件上运行基于软件定义服务的过程中。这常常导致多个术语被用于表述同一个概念，而更麻烦的是，一个领域巧妙地重新使用了另一个领域的某个术语，但是彼此的含义不同。为了避免彼此混淆，我们首先定义几个概念并介绍相关术语。

- **运营与维护**（Operations & Maintenance，O&M，简称"运维"）：一个传统术语，用于描述网络运维的整体挑战（工作），一般来说，运营商通过运维接口来管理整个系统。
  - FCAPS：这是 Fault（故障）、Configuration（配置）、Accounting（计费）、

Performance（性能）和 Security（安全）这五个词的首字母缩写，历史上用于电信行业中列举对一个操作系统的需求。运维接口必须提供故障检测和故障管理、系统配置、使用情况统计等功能。

- ○ **OSS/BSS**：电信行业的另一个缩略语，全称为运维支持系统（Operations Support System）和业务支持系统（Business Support System），指实现运维逻辑（OSS）和业务逻辑（BSS）的子系统，通常是整个运维架构中处于最顶层的组件。

- ○ **EMS**：电信行业的另一个缩略语，全称为组件管理系统（Element Management System），对应于整个运维架构中的中间层。EMS 之于特定类型的设备，就像 OSS/BSS 之于整个网络一样。

- **编排**（Orchestration）：一个与运维类似的通用术语，起源于云计算领域，表示为某些工作负载组装（例如分配、配置、连接）一组物理或逻辑资源。如果只涉及单个资源或设备，我们会使用"配置"这一术语，而编排通常意味着跨多个组件进行"编排"。

从狭义上来说，编排器负责启动虚拟机（或容器），并通过虚拟网络将它们在逻辑上连接。从广义上来说，编排包含本书中描述的与管理相关的功能的方方面面。

如果你尝试将云计算术语映射到电信术语，则编排器通常等同于 OSS/BSS 的云化版本。这个最顶层的组件有时被称为服务编排器（Service Orchestrator），负责将一组虚拟网络功能（Virtual Network Function，VNF）组装成一个端到端的服务链。

  ○ **剧本 / 工作流**（Playbook/Workflow）：实现多步骤编排过程的程序或脚本。在 UX 领域中，术语"工作流"也用于描述用户使用 GUI 在系统上执行的多步骤操作。

- **配置**（Provisioning）：向系统中增加资源（物理或虚拟资源），通常是响应工作负载的变化，也包括初始的部署。

  ○ **零接触配置**（Zero-Touch Provisioning）：通常表示添加新的硬件到系统中，不需要人工配置（除了物理连接设备外）。这意味着新组件会自动完成自身相关的配置。这个术语也可应用于虚拟资源（例如虚拟机、服务），以表明不需要手动配置就可以实例化资源。

  ○ **远程设备管理**（Remote Device Management）：一种定义了远程管理硬件设备的标准（如 IPMI、Redfish），用于支持零接触配置。主要的想法是通过局域网发送和接收带外消息，而不是通过视频或串口控制台访问设备。此外，远程设备管理系统可以与监测和其他设备健康遥测系统集成。

  ○ **库存管理**（Inventory Management）：规划和跟踪物理设备（机架、服务器、交换机、电缆）和虚拟资源（IP 范围和地址、VLAN 列表）是配置过程的一个子步骤。我们通常可以从使用简单的电子表格和文本文件开始，但随着复杂性的增加，库存专用数据库有助于提高自动化程度。

- **生命周期管理**（Lifecycle Management）：随着时间推移，不时地执行升级和替换功能（例如部署新服务以及为现有服务增加新特性等）。

  ○ **持续集成 / 持续部署**（Continuous Integration/Continuous Deployment，CI/CD）：一种生命周期管理方法，在这种方法中，从开发（开发新功

能）到测试、集成和最终部署的路径是一个自动化的流水线。CI/CD 通常意味着持续进行小的增量修改，而不是进行大的破坏性升级。

- DevOps：一种软件工程原则与实践，融合了开发过程和运维需求，并试图打破两者壁垒，在特性开发速度和系统可靠性之间实现平衡。作为一种实践，DevOps 使用了 CI/CD 方法，并通常与基于容器（也称为云原生）的系统相关联，典型例子是谷歌等云厂商实践的站点可靠性工程（Site Reliability Engineering，SRE）。

- **服务不间断软件升级**（In-Service Software Upgrade，ISSU）：要求组件在升级过程中继续运行（服务不间断），从而将交付给最终用户的服务的中断降至最低。ISSU 通常意味着拥有能够增量滚出（和回滚）升级的能力，但具体来说是对单个组件的需求（与用于管理一组组件的平台相反）。

- **监控和遥测**（Monitoring & Telemetry）：从系统组件收集数据用以帮助做管理决策。这包括故障诊断、性能调优、进行根因分析、执行安全审计和配置额外容量。

- **分析**（Analytics）：从原始数据产生额外洞察（价值）的程序，通常会使用统计模型。它可以用于关闭控制回路（即基于这些洞察自动重新配置系统），也可以为随后需要采取某些行动的运维人员提供帮助。

另一种谈论运维的方式是用阶段来描述，这在传统网络设备运维中很常见：

- **第 −1 天**：设备首次上电后执行的硬件配置（如通过控制台）。这些配置对应于固件（BIOS 或类似的）设置，并且通常需要了解设备如何以物理方式连接到网络（例如需要使用的端口）。

- **第 0 天**：在设备和可用网络服务之间建立通信连接所需的配置（例如设置设备的 IP 地址和默认路由）。虽然这些信息可能是手动提供的，但我们可以使用自动配置设备来实现零接触配置。

- **第 1 天**：我们需要对设备做服务级别相关的配置，包括允许设备使用其他服务（如 NTP、Syslog、SMTP、NFS）的参数，以及设置设备能对外提供服务所需的参数。在第 −1 天运维结束后，设备就应当是正常运行的，并且能够处理用户流量。这也是零接触配置的一种场景，因为预编程的剧本（工作流）应该能够自动配置设备，而不需要依赖人工干预。

- **第 2 天到第 N 天**：支持对日常运维做持续管理，包括监控网络以检测故障和服务降级，以实现维持服务等级的目标。这可能涉及一些闭环控制，但通常仍需要大量人工操作，包括监控仪表盘和发送告警，然后根据运行状态重新配置系统。这通常被简称为"Day 2 运维"。

同样，"Day x"是传统网络供应商对其销售设备运维过程的描述，这反过来又决定了网络运营商和企业系统管理员如何运行这些设备。虽然通用框架已经扩展到虚拟网络功能（VNF），但其操作视角仍然是以设备为中心。但是一旦一个系统变成云原生系统，两件事就会改变大家关注的重心。首先，所有硬件都是商品化的，因此 Day 0 和 Day 1 的配置将完全自动化，并且由于所有设备都是相同的，因此 Day −1 的配置工作将被最小化 ⊖。其次，Day 2 的操作过程将变得更加复杂，因为基于软件的系统更加敏捷，这使得功能升级更为普遍。对特性开发速度的关注与追求是基于云计算或者云原生系统的内在价值之一（或者说是一种保

⊖ 通俗地讲，这就像是从照顾宠物转变为放养。

证），但这也给我们的管理带来了一系列挑战。

本书旨在解决这些管理挑战，并对我们常用的两个词运维（Operating）和可运维化（Operationalizing）做了最终解释。能够运维一个云是我们的终极目标，这是一个持续改进的过程，而使云可运维化意味着我们将一组软硬件配置到一种状态，使得我们能够轻松进行日常的运维操作。这种区别是相关的，因为使云可运维化不是一次性的操作，而是日常运维的一个基本方面。快速演进是云最重要的特性之一，这使得持续可运维化成为运维边缘云的关键需求。

1.2 解耦

为了充分理解运维一个云所面临的挑战，我们必须从理解底层构建块开始：运行在商用硬件上的基于软件的微服务集合。这种构建块的出现，源自对以前那种专用软硬件捆绑方式进行解耦。从管理的角度来看，当我们进行这种转换时，需要确定什么事情会变得更加容易，以及什么事情会变得更加困难。这既是解耦带来的挑战，也是机遇。

从广义上讲，解耦是将捆绑在一起的大组件分解成一组更小的组件的过程。SDN 就是一个很好的例子，它将网络的控制平面和数据平面解耦，前者以云服务方式运行，后者则运行在商品交换机中。微服务架构是解耦的另一个例子，它将单体应用分解为一组单一功能组件的网格。解耦是加快特性开发速度的关键举措，Weaveworks[⊖] 很好地总结了这一点。

⊖ 延伸阅读：Weaveworks，其中包含关于云原生你需要知道的一切内容。

　　而这种转变的挑战在于，我们需要整合、协调和管理更多变化的部件。回到之前的术语，编排和生命周期管理成了主要挑战，因为：1）许多更小的部分必须通过编排器组装起来；2）这些独立的部分预计会被更频繁地变更。本书大部分内容都集中在这两个问题上。

　　好消息是，业界事实上已经将容器作为"组件打包"的通用格式，并将Kubernetes作为一级容器编排器（我们之所以说"一级"，是因为只有Kubernetes本身是不够的）。以此为基础，可以使得许多其他挑战更易于被我们管理：

- 监控和其他与遥测相关的系统将被实现为一组基于容器的微服务，并部署到它们所观测的云中。
- ISSU变得更容易处理，因为微服务架构鼓励使用无状态的组件，同时将持久化状态隔离在与业务功能无关的存储服务中，比如键值对存储。
- 云所用的硬件都是同构的商用硬件，因此零接触配置更容易落地。这也意味着绝大多数配置都只涉及初始化软件参数，因此更容易实现自动化。
- 云原生意味着一组用于解决许多FCAPS需求的最佳实践，尤其是与可用性和性能相关的需求，这两者都是通过水平扩展实现的。安全通信通常也内置在云RPC机制中。

　　另一种说法是，通过将捆绑的软硬件重构为运行在商用硬件上的水平可伸缩的微服务，过去一组一次性的运维问题，现在由分布系统中被广泛应用的最佳实践解决了。而这些最佳实践反过来又被固化到了先进的云管理框架（如Kubernetes）中。这就给我们留下了以下问题：1）提供商品化硬件；2）编排容器化构建块；3）部署微服务架构的监控系统以统一的方式收集和归档监控数据；

4）随着时间的推移不断集成和部署独立微服务。

最后，由于云是无限可编程的，因此被管理的系统有可能随着时间的推移而发生巨大变化 ⊖，这意味着云管理系统本身必须是易于扩展的，以支持新特性（以及重构现有特性）。这可以通过将云管理系统以云服务方式实现来解决，这意味着读者将在本书中看到很多递归依赖关系。此外，我们还要利用好编排的声明性规范，这些规范用于说明被分解的组件如何组合在一起运行。然后我们可以使用这些规范来编排管理系统的组件，而不是手动重新编码（标准也不统一）。这是一个有趣的问题，我们将在后面的章节中讨论，但最终我们希望能够自动配置（负责自动配置系统其余部分的）子系统。

1.3　云技术

要想对云进行操作，首先要从了解云的构建块开始。本节总结了可用的技术，目的是确定底层系统的基线功能。接着，贯穿本书介绍的管理相关的子系统的集合诠释了这个基线。

在确定这些构建块之前，我们正在冒险进入一个灰色区域，在这个区域中"被管理平台的一部分"与"管理平台子系统的一部分"两者之间的关系错综复杂，相互交织。更为复杂的是，随着技术的成熟和普及，这两者的界限会随着时间的推移而变化。

⊖　例如，将十年前亚马逊提供的两种服务（EC2 和 S3）与现在 AWS 控制台上 100 多种服务（不包括合作伙伴提供的服务）进行比较。

例如，如果以云托管一组容器为前提，那么控制面软件将负责检测和重新启动失败的容器。另外，如果假设容器具有弹性（即能够自动恢复），那么控制面就不需要包含该功能（尽管可能仍然需要检测自动恢复机制何时出现故障并进行纠正）。这并不是一种特有的情况，复杂系统往往包含在多个层面上解决问题的机制。就本书而言，我们只需要确定一条分界线，将"假定的技术"与"仍然存在的问题以及我们如何解决它们"区分开来。以下几个小节标识了我们假设的技术。

1.3.1 硬件平台

硬件构建块相对比较简单。我们从使用商用硅基芯片构建的裸金属服务器和交换机开始。例如我们可能分别采用 ARM 或 x86 处理器芯片以及 Tomahawk 或 Tofino 交换芯片。裸金属服务器还包含引导启动机制（例如服务器的 BIOS 和交换机的 ONIE）和远程设备管理接口（例如 IPMI 或 Redfish[⊖]）。

我们可以使用图 1-1 所示的硬件构建块来搭建物理云集群：一个或多个服务器机架通过叶脊（leaf-spine）交换网络连接。服务器在交换机的上方显示，用以强调运行在服务器上的软件控制着交换机。

图 1-1 还包括假定的底层软件组件，我们将在后续章节展开介绍。图中所示的所有硬件和软件组件共同构成了平台。我们在平台上的哪个位置划出界线，用于区分在平台中运行组件和在平台上运行组件，以及它的重要性，将在后续章节中逐步阐述，从而使之清晰。但总的来说，不同机制（运行在平台中以及运行在

⊖ 延伸阅读：Redfish（https://www.dmtf.org/standards/redfish）。

平台上）将各自负责：1）启动平台并准备运行工作负载；2）管理需要部署在该平台上的各种工作负载。

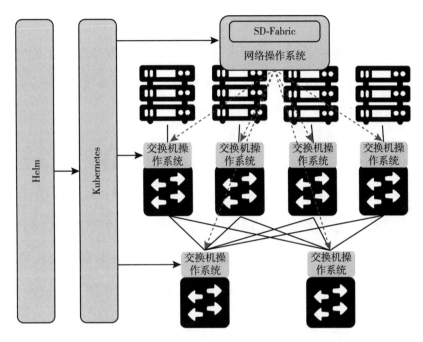

图 1-1　用于构建云的构建块组件示例，包括商用服务器和交换机，基于叶脊
交换网络相互连接

1.3.2　软件构建块

我们假设有以下四种基本的软件技术，它们都运行在集群中的普通商用处理器上：

1）Linux 为运行容器工作负载提供隔离。

2）Docker 容器用于打包软件（功能）。

3）Kubernetes 创建容器并使之相互连接，形成一个容器集群。

4）Helm Charts 描述相关容器的集合如何相互连接来构建应用。

这些软件技术都是众所周知、无处不在的，所以我们在这里只对其做一个总结。下面为不熟悉它们的读者提供了相关信息链接（包括三个与容器相关的构建块的优秀实践教程）。

Linux 是运行在裸机系统上的操作系统。它提供了容器运行时系统用来实现隔离的底层 API，包括用于隔离文件系统和网络访问的命名空间（namespace），以及用于限制内存和 CPU 使用的 cgroup。

Docker[⊖] 是一种容器运行时，它利用操作系统隔离 API 来实例化和运行多个容器实例，每个容器都是由 Docker 镜像定义的实例。Docker 镜像通常使用 Dockerfile 来构建，它使用一种分层的方法，允许在基础镜像的基础上共享和构建自定义镜像。完成特定任务的最终镜像包含了运行在容器中的软件所需的所有依赖项，从而产生了可跨服务器移植的容器镜像，仅依赖于内核和 Docker 运行时。我们的云上需要有一个或多个 Docker 容器的镜像仓库，其中最有名的是 https://hub.docker.com/。

Kubernetes[⊖] 是一种容器管理系统。它提供了一个编程接口，用于容器实例的横向扩容缩容、分配服务器资源、设置虚拟网络以互连这些实例，以及开放可供外部客户端访问的服务端口。在后台，Kubernetes 监控这些容器的活动，并自动重启运行失败的容器。换句话说，如果要求 Kubernetes 启动三个微服务 X 的实例，Kubernetes 将尽力保持实现 X 的容器的三个实例始终正常运行。

⊖ 延伸阅读：Docker Tutorial（https://www.docker.com/101-tutorial）。

⊖ 延伸阅读：Kubernetes Tutorial（https://kubernetes.io/docs/tutorials/kubernetes-basics/）。

Kubernetes 还提供了可以用于在启动时配置微服务的机制，包括 ConfigMaps、Secrets 和 Operators。由于这些机制在云管理中起着重要作用，我们将在后续章节更详细地讨论它们。

Helm⊖ 是一个运行在 Kubernetes 之上的配置集管理器。它根据运维人员提供的规范（称为 Helm Chart）调用 Kubernetes 的 API。现在由一组微服务构建的云应用通常会发布一个 Helm Chart，用于定义如何将该应用部署到 Kubernetes 集群上。可以访问 https://artifacthub.io/ 来查看公开可用的 Helm Chart。

本书介绍的云管理软件包含一组 Docker 镜像以及定义如何在 Kubernetes 集群中部署它们的 Helm Chart。总之，在接下来的章节中，我们将使用 20 多个这样的开源软件包。我们的目标是展示如何将这些开源构建块组装成一个全面的云管理平台。我们将详细介绍每个工具，以了解所有部分如何组合在一起，从而通过连接所有的点来提供端到端覆盖，另外，还将为那些想要深入挖掘细节的读者提供完整的文档链接。

1.3.3 交换网络

我们假设云是基于 SDN 的交换网络构建的，SDN 控制平面以解耦的方式运行在同一个云中作为交换网络的连接器。出于本书目的，我们假设了以下 SDN 软件堆栈：

- 网络操作系统托管一组控制应用，包括管理叶脊交换网络的控制应用。

⊖ 延伸阅读：Helm Tutorial（https://helm.sh/docs/intro/quickstart/）。

我们使用 ONOS 作为开源示例网络操作系统，反过来，ONOS 用来托管 SD-Fabric 控制应用程序。

- 运行在每台交换机上的交换机操作系统提供了北向 gNMI 和 gNOI 接口，网络操作系统则通过该接口对交换机进行配置和控制。我们使用 Stratum 作为开源示例交换机操作系统。

使用基于 SDN 的交换网络构建云是超大规模云厂商采用的最佳实践，由于这些解决方案仍然是专有的，因此我们使用 ONOS 和 Stratum 作为开源示例。值得注意的是，ONOS 和 Stratum 都被封装为 Docker 容器，因此可以在服务器和交换机上被 Kubernetes 和 Helm 编排 ⊖。

1.3.4 存储库

为了完整起见，我们需要提一下，本书中介绍的几乎所有机制都利用了云托管存储库，如 GitHub⊖（用于代码）、DockerHub（用于 Docker 镜像）和 ArtifactHub（用于 Helm Chart）。我们还假设有像 Gerrit⊜ 这样的互补系统，它在 Git 仓库之上建立了一层代码审查机制，但是是否有直接使用 Gerrit 的经验对于理解这些材料并不重要。

⊖ 除了实现数据平面控制功能的交换芯片外，交换机通常还包括一个商用处理器，通常运行 Linux 和托管控制软件。Stratum 运行在此处理器上，并导出供 ONOS 配置和控制交换机的北向 API。

⊖ 延伸阅读：GitHub Tutorial（https://guides.github.com/ activities/hello-world/）。

⊜ 延伸阅读：Gerrit Code Review（https://www.gerritcodereview.com/）。

1.3.5　其他选项

有些我们没有讨论到的技术，它们与理所当然认为会被用到的构建块是同样重要的，我们会在本小节讨论其中三个。

首先，我们可能期望边缘云包含像 Istio 或 Linkerd 这样的服务网格框架。虽然在 Kubernetes 上运行应用的人都可能期望使用 Istio 或 Linkerd 来帮助完成服务治理（包括流量管理、可观测性、安全等）工作（由于本书介绍的大部分管理系统都是微服务，因此同样也适用），但我们最终没有采用这种技术。这主要是从工程的角度做出的选择：服务网格提供的特性超出了我们的系统的需要，因此我们希望能够使用较小的机制及代价来实现这些必要的功能。还有一个教学上的原因：细粒度组件更符合我们识别运维和管理的基本部分的目标，而不是将这些组件捆绑在一个复杂的软件包中。我们在第 6 章讨论可观察性的话题时，会提到服务网格。

什么是总体规划？

在本书所描述的基于云的系统中，有一个普遍的问题是我们如何从工程化的角度对软件包组合做出合理的选择，不考虑大量的商业化软件产品，仅 Linux 基金会和 Apache 基金会中可用于帮助我们构建和运维云的开源项目的数量（根据我们的统计）就接近 100 个。这些开源项目在很大程度上是独立的，而且在很多情况下是相互竞争的。这导致了它们在功能上的明显重叠，我们试图绘制的任何维恩（Venn）图都会随着时间不断变化。

也就是说，我们并没有关于云管理软件堆栈应该是什么样子的总体规划。即使开始使用组件 X 作为系统的核心组件（可能因为它解决了最直接的问题），但随着时间的推移，我们最终会添加许多其他组件以完整地完成系统构建。此外，最终完成的系统看起来可能与其他人从组件 Y 开始构建的系统不同。我们缺少一个统一的框架可以让我们从列 A 中选择一个组件，从列 B 中选择第二个互补组件，以此类推，完成系统构建。我们用作示例的 Aether 托管服务也面临同样的挑战。

因此采用第一性原理就显得格外重要，该方法首先从确定需求集合并探索设计空间开始。我们只会在最后一步才会选择一个现有的软件组件。这种选择方法会比较自然地得到一种端到端的解决方案，它将许多较小的组件组装在一起，并倾向于避免变成捆绑的 / 多场景的解决方案。虽然随着时间的推移系统仍然需要不断演进，但它确实有助于通过观察设计空间的全部范围及其复杂性的可见性来处理这个主题。即使某人最终采用了一个捆绑的解决方案，理解背后做出的所有的权衡也将有助于做出更明智的决定。

其次，我们假设这是一种基于容器的云平台，而另一种可能的选择是基于虚拟机。我们做出这种选择的主要原因是容器正在迅速成为部署可伸缩和高可用功能的事实标准，而在企业中运维这些功能是我们的主要场景。容器有时被部署在虚拟机上（而不是直接部署在物理机器上），但在这种情况下，虚拟机可以被视为底层基础设施的一部分（而不是提供给用户的服务）。另外，本书主要关注如何实施平台即服务（Platform as a Service，PaaS），而不是基础设施即服务（Infrastructure as a Service，IaaS），尽管后面的章节将介绍如何将虚拟机作为该 PaaS 底层基础设施的一种可选项。

最后，被我们作为示例的 Aether 边缘云与许多其他边缘云平台很相似，它现在作为一种物联网使能技术而被推广。基于 Kubernetes 的本地／边缘云变得越来越流行，这使得它们可以成为很好的研究案例。例如，Smart Edge Open[⊖]（原名 OpenNESS）是另一个开源边缘平台，其独特之处在于它包含了多种英特尔特有的加速技术（例如 DPDK、SR-IOV、OVS/OVN）。但就我们研究边缘云的目的而言，构成平台的确切组件集并不重要，更重要的是如何将云平台以及运行在平台上的所有云服务作为一个整体进行管理。以 Aether 为例，它允许我们具象化，但又不以牺牲普遍适用性为代价，帮助我们研究边缘云平台。

1.4　系统管理员的未来

自从 30 多年前第一批文件服务器、客户端工作站和局域网在企业中部署以来，系统管理员一直负责运维企业网络基础设施。纵观这段历史，强大的供应商生态系统引入了日益多样化的网络设备，这大大增加了系统管理员日常工作的挑战。虚拟化技术的引入屏蔽了物理服务器，但由于单个虚拟设备都处于某个管理孤岛中，因此没有降低多少管理开销。

对于云厂商来说，由于其所构建的系统规模庞大，无法在运维孤岛中生存，因此这些云厂商引入了越来越复杂的云编排技术，其中 Kubernetes 和 Helm 就是两个影响很大的例子。这些云最佳实践现在也可供企业使用，但它们通常作为托管服务与基础设施捆绑在一起，云厂商在企业服务的运维方面发挥着越来越重要的作用。对许多企业来说，将部分 IT 职责外包给云厂商是一个有吸引力的方案，

⊖　延伸阅读：Smart Edge Open（https://smart-edge-open.github.io/）。

但也增加了对单一云厂商依赖的风险。由于移动网络运营商（Mobile Network Operator，MNO）也参与企业内云的建设与运维，并且其推出的私有 5G 连接作为另一种云服务部署的可能性越来越大，从而让整个云的建设与运维变得更加复杂。

本书采用的方法是探索两全其美的可能性。我们将引导读者完成运维私有云系统所需的子系统的集合以及相关管理流程来实现这一点，然后为该云及其承载的托管服务（包括 5G 连接）提供持续支持。我们希望通过了解云托管服务背后的工作，能够让企业更好地与云厂商以及潜在的移动网络运营商分担管理其 IT 基础设施的责任。

架　构

本章将识别所有用于构建和运维能够运行各种云原生服务的子系统。我们将以 Aether 为例来阐述边缘云的设计选择，在深入介绍架构设计之前，首先会讨论为何企业需要安装和使用 Aether 这样的系统。

Aether 是基于 Kubernetes 的边缘云，增强了基于 5G 的连接服务。它主要面向那些希望利用 5G 来连接支持可预测、低延迟关键任务的企业。简而言之，基于 Kubernetes 意味着 Aether 能够承载容器化的服务，而"基于 5G 连接"意味着 Aether 能够通过这些服务连接整个企业物理工厂的各种移动设备。基于这种既能支持边缘应用部署，又能提供很多托管服务的特性，Aether 完全可以被认定为平台即服务（PaaS）。

Aether 在本地实现 RAN 和移动互联网核心的用户平面，同时在 Aether 集群上部署云原生工作负载。通常这被称为本地处理（local breakout），因为它支持移动设备和边缘应用之间的直接通信，从而使数据流量不会离开企业。图 2-1 描述了这种场景，虽然没有提供明确的边缘应用，但是一个替代物联网（IoT）的说明性示例。

工业 4.0 PaaS 平台

像 Aether 这样的边缘云是工业 4.0 发展趋势的重要组成部分：智能设备、强大可靠的无线连接和基于云的 AI/ML（人工智能 / 机器学习）能力的结合，所有这些都协同工作，可以实现基于软件的优化和创新。

将工业中的设备连接到云有可能带来变革性收益。首先，从传感器、视频流和机器遥测设备中收集有关资产和基础设施的深层次运营数据，然后将 ML 应用于这些数据，以获得洞察力、识别运行模式和预测运行结果（例如设备何时可能出现故障），最后实现工业流程自动化，以最大限度地减少人为干预并实现远程操作（例如，电力优化、停止空转设备）。总体而言，我们的目标就是创建一个能够通过软件持续改进工业运营的 IT 基础设施。

至于为什么将 Aether 作为符合我们目标的 PaaS，答案看起来有些主观。通常来讲，PaaS 平台提供的不仅仅是虚拟化计算和存储（IaaS 就是这样做的），还包括额外的"中间件"层，使开发人员能够便捷地部署他们的应用，而无须处理底层基础设施的所有复杂问题。以 Aether 为例，该平台支持 5G 连接，边缘应用可以基于其提供的 API 定制连接，以更好地满足其需求。也可以将 ML 平台或物联网平台加载到 Aether 上，进一步增强其对应用场景的支持。

该方案既包含边缘（本地）组件，也包含中心化（非本地）组件。对于边缘应用来说，它通常有一个中心化的对应组件运行在公有云中。5G 移动网核心也是如此，其本地用户平面（User Plane，UP）与中心控制平面（Control Plane，CP）配对。图 2-1 中显示的中心云可能是私有的（由企业运营），或者公有的（由公有云厂商运营），或者是两者的某种组合（并非所有中性化组件都需要运行在同一个云中）。

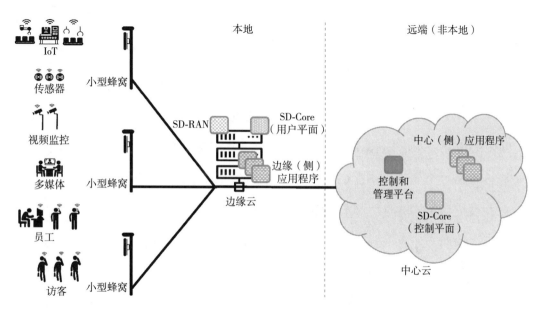

图 2-1　Aether 混合云概览，边缘应用程序和 5G 数据平面在边缘运行，而各种管理和控制相关的工作负载在中心云运行

图 2-1 中还展示了一个集中式控制和管理平台，它包含了 Aether 作为 PaaS 平台所需的所有功能，系统管理员可以通过该平台提供的门户来使用和管理企业底层的基础设施和服务。本书的其余部分则展开讲述了如何实现该控制和管理平台。

2.1　边缘云

边缘云在 Aether 中被称为 ACE（Aether Connected Edge，连接到 Aether 的边缘云），是一个基于 Kubernetes 构建的集群，类似于图 1-1 中所示的集群。它是由一个或多个服务器机架组成的平台，通过叶脊交换网络相互连接，由 SDN 控制平面（SD-Fabric）管理网络连接。

如图 2-2 所示，ACE 在该平台上托管了两个额外的基于微服务的子系统，共同实现了 5G 连接即服务功能。第一个子系统 SD-RAN 基于 SDN 的 5G 无线接入网（Radio Access Network，RAN）实现。它控制在整个企业中部署的小型蜂窝基站。第二个子系统 SD-Core 基于 SDN 的移动网核心一半的用户平面实现，负责在 RAN 和互联网之间转发流量。SD-Core CP 在远端运行，没有在图 2-2 中展示。这两个子系统（以及 SD-Fabric）都以一组微服务方式部署，但是有关这些系统如何以容器化方式实现功能的细节对本节的讨论并不重要。对我们而言，它们代表任何云原生工作负载（感兴趣的读者可以参考配套的 5G 和 SDN 书籍 ⊖，了解有关 SD-RAN、SD-Core 和 SD-Fabric 内部工作的更多信息）。

一旦 ACE 在这种配置下运行，就可以托管一系列边缘应用（图 2-2 中没有显示）。与任何基于 Kubernetes 构建的集群一样，Helm Chart 是部署这些应用的首选方式。ACE 的独特之处在于它能够通过 SD-RAN 和 SD-Core 实现 5G 连接

⊖　延伸阅读：L. Peterson and O. Sunay. 5G Mobile Networks: A Systems Approach. March 2020.
L. Peterson, et al. Software-Defined Networks: A Systems Approach. November.
2021.

服务，将此类应用与整个企业的移动设备相连接。该服务以托管服务提供，企业系统管理员能够使用可编程 API（和相关的 GUI 门户）来控制该服务，包括对设备进行授权、访问限制、为不同设备和应用设置服务质量参数（Quality of Service，QoS）等。如何提供这样的运行时控制接口将是第 5 章的主题。

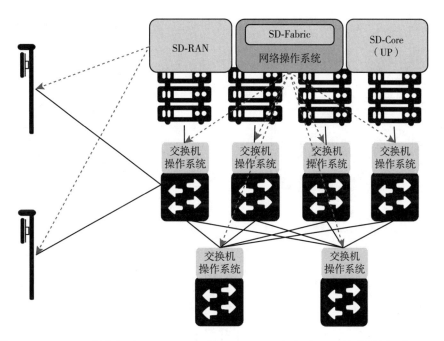

图 2-2　ACE = 云平台（Kubernetes 和 SD-Fabric）加上 5G 连接服务（RAN 和移动网核心的用户平面）。虚线（例如 SD-RAN 和各个基站之间，以及网络操作系统和各个交换机之间）表示控制关系（例如 SD-RAN 控制小型蜂窝，SD-Fabric 控制交换机）

2.2　混合云

虽然可以只在一个站点中实例化单个 ACE 集群，但 Aether 被设计为支持多个 ACE 部署，所有这些 ACE 集群都可以被中心云管理。图 2-3 描绘了这种混合云场景，显示了两个运行在中心云中的子系统：1）移动网核心控制平面的一个或多个实例；2）Aether 管理平台（Aether Management Platform，AMP）。

根据负责 5G 的国际标准化组织 3GPP 的规定，每个 SD-Core CP 控制一个或多个 SD-Core UP。CP 实例（集中运行）与 UP 实例（在边缘运行）的配对关系在运行时决定，这取决于企业站点所需的隔离要求。AMP 负责管理所有集中的和边缘的子系统（将在下一节中介绍）。

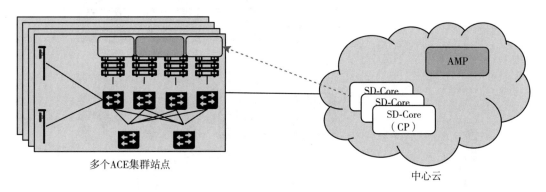

多个ACE集群站点

中心云

图 2-3　Aether 在混合云中运行，移动网核心的控制平面和 AMP 在中心云中运行

本书讨论的混合云有一个重要方面并没有在图 2-3 中展示出来，那就是"混合云"特指一组 Kubernetes 集群，而不是通常意义上的一组物理集群（类似于图 1-1 中所示）。虽然每个 ACE 站点通常对应一个由裸金属组件构成的物理集群，但图 2-3 所示的每个 SD-Core CP 子系统实际上都部署在云上的一个逻辑 Kubernetes 集群中。AMP 的部署方式也是如此。Aether 的集中式组件能够运行在谷歌的 GCP、微软的 Azure 和亚马逊的 AWS 上。这些组件也可以通过模拟集群的形式运行，例如 KIND（Kubernetes in Docker）[⊖] 系统，这使得开发人员可以

　⊖　KIND 是一种使用 Docker 容器"节点"运行本地 Kubernetes 集群的工具。——译者注

在笔记本电脑上运行这些组件，方便开发与调试。

需要说明的是，Kubernetes 采用了例如"集群""服务"这样的通用术语，并赋予了它们非常具体的含义。在 Kubernetes 中，集群是 Kubernetes 管理一组容器的逻辑域。本书中的"Kubernetes 集群"可能与底层物理集群有一对一的关系，但也有可能是一个在数据中心内实例化的 Kubernetes 集群。数据中心可以在一个物理集群上实例化数千个此类逻辑集群。我们将在后续章节中看到，即使是 ACE 边缘站点有时也会托管多个 Kubernetes 集群，例如，一个运行生产服务，另一个用于新服务的验证部署。

2.3 利益相关者

本书讨论的目标环境是一组 Kubernetes 集群的集合，其中一些集群运行在边缘站点的裸金属硬件上，一些集群运行在中心数据中心中。这样就产生了一个正交问题，即如何在多个利益相关者之间分担这些集群的决策责任。确定利益相关者是建立云服务的重要前提，虽然我们使用的例子可能并不适用于所有情况，但它确实说明了设计的含义。

对于 Aether 而言，我们主要关心两个利益相关者：1）云运营商，它们整体管理混合云；2）企业用户，它们根据每个站点的情况来决定如何利用本地云资源（例如，运行哪些边缘应用以及如何在这些应用间分配连接资源）。我们有时称后者为"企业管理员"，以区别于可能希望管理自己的个人设备的"最终用户"。

因为需要对这些利益相关者进行身份验证和隔离，所以边缘云的架构应该是多租户的，从而可以让每个利益相关者只访问他们各自负责的对象。在这种架构下，我们可能无法确定所有的边缘站点是否属于某个单一组织（该组织也负责运维云），或者存在一个单独的组织，该组织向一组不同的企业提供托管服务（每个企业跨越一个或多个站点）。该架构还可以容纳最终用户，并为他们提供"自服务"门户（本书不再详细介绍）。

此外还有潜在的第三方利益相关者，即第三方服务提供商。这会引出一个更具挑战的问题：如何上架、部署和管理第三方边缘应用。为了使讨论变得内聚，同时仍停留在开源领域，我们将使用 OpenVINO[⊖] 作为示例。OpenVINO 是一个用于部署 AI 推理模型的框架，这在 Aether 场景中很有意思，它的一个用例是处理视频流，例如检测和统计进入一组 5G 摄像头视野的人的数量。

一方面，OpenVINO 就像我们已经整合到混合云中的 5G 相关组件一样，它被部署为一组基于 Kubernetes 的微服务。另一方面，要明确谁负责管理它，也就是说谁负责运营 OpenVINO？

一种答案：已经负责管理混合云其余部分的运营商来管理添加到云中的边缘应用集合。企业管理员可能会逐个站点地激活和控制这些应用程序，但运营团队负责配置、部署和管理这些边缘云，也为 OpenVINO 和运行在该云上的其他应用执行相同的操作。从一个边缘服务（5G 连接）推广到任意多个边缘服务将对控制和管理产生影响（我们将在本书进行讨论），但从根本上讲，对于我们已经为自己制定好的课程没有任何影响。

⊖　延伸阅读：OpenVINO Toolkit（https://docs.openvino.ai）。

让云运营商策划和管理一组边缘服务是 Aether 所做的假设（我们在本书中都如此假设），但为了完整起见，我们注意到另外两种可能性。一种是我们扩展了混合架构以支持独立第三方服务提供商。每个新的边缘服务都需要从边缘云中获得自己独立的 Kubernetes 集群，然后第三方提供商将承担管理在该集群中运行服务的所有责任。然而从云运营商的角度来看，这项任务变得更加困难，因为这种架构需要支持 Kubernetes 作为托管服务，有时称为容器即服务（Container-as-a-Servic，CaaS）⊖。按需创建独立的 Kubernetes 集群比我们在本书中介绍的内容更进一步。

第二种是企业内部出现的多云。今天，大多数人将多云等同于跨多个超大规模公有云运行的服务，但随着边缘云变得越来越普遍，企业可能会在本地部署多个边缘云，一些由超大规模云厂商提供，一些则由边缘云提供，每个云托管不同的边缘服务子集。例如，一个边缘云可能托管 5G 连接服务，另一个可能托管 OpenVINO 这样的 AI 平台。这种方式会引发一个的问题：本书中描述的云管理技术是否仍然适用于这种环境？答案是肯定的：基本的管理挑战保持不变。主要的区别在于知道什么时候直接控制 Kubernetes 集群（就像我们在这本书中所做的那样），什么时候通过集群的管理器间接控制集群。此外，还有一些多云特有的新问题，如多云之间的服务发现等，但它们超出了本书的范围，我们不做讨论。

⊖ 这不是严格意义上的非此即彼的情况。也可以管理边缘服务，为其提供集群资源，然后将运营责任委托给第三方服务提供商。

2.4 控制与管理

现在我们准备介绍 AMP 的架构，如图 2-4 所示，它管理分布式 ACE 集群和运行在中心云中的其他控制集群。这也说明了管理中的挑战——递归性，即 AMP 也负责管理 AMP！

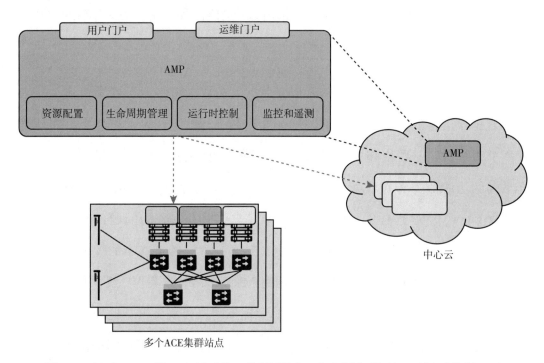

图 2-4 组成 AMP 的四个子系统：资源配置、生命周期管理、运行时控制以及监控和遥测

AMP 包括一个或多个面向不同利益相关者的门户，图 2-4 展示了本书关注的两个示例：一个用户门户，面向企业管理员用户，用于管理交付到本地站点的服务；另一个是运维门户，面向运维团队，用于保障 Aether 保持最新并平稳运行。此外，AMP 还有可能服务于其他利益相关者（用户类别），但这种区别代表

了使用云服务的人和运维云服务的人之间的自然划分。

我们不在本书展开讨论为 AMP 平台提供图形界面的门户，但会介绍 AMP 支持的聚合功能，这些功能围绕以下四个子系统组织：

- 资源配置：负责初始化和配置资源（如服务器、交换机），为 Aether 增加、替换或升级容量。
- 生命周期管理：负责在 Aether 上持续集成和部署可用的软件功能。
- 运行时控制：负责对 Aether 提供的服务（如连通性）进行持续的配置和控制。
- 监控和遥测：负责收集、归档、评估和分析 Aether 组件所产生的遥测数据。

每个子系统在 AMP 内部都被实现为高可用的云服务，以一组微服务的方式运行。该设计与云无关，因此 AMP 可以部署在公有云（如 GCP、AWS、Azure）、运营商拥有的电信云（如 AT&T 的 AIC）或企业拥有的私有云中。作为目前 Aether 的试点部署，AMP 运行在 GCP 上。

本节其余部分将分别介绍这四个子系统，接下来的章节将对每个子系统进行更详细的介绍。

2.4.1 资源配置

资源配置子系统负责配置并启动资源（包括物理的和虚拟的），方便生命周期管理子系统接管，并管理在这些资源上运行的软件。大致对应于第 0 天的操作，包括安装和物理上连接硬件这样的实际操作，以及所需的物理资产库存管理。

图 2-5 给出了一个概述。由于运维团队将资源物理连接到云中，并在库存库中记录这些资源的属性，零接触配置系统生成一组存储在配置库中的配置工件，它们会在生命周期管理期间被使用，并且初始化新部署的资源，以便它们处于生命周期管理子系统能够控制的状态。像其他代码模块一样，将配置指令存储在存储库中是一种被称为配置即代码（Configuration-as-Code）的实践，我们将在本书中看到它以不同的方式被应用。

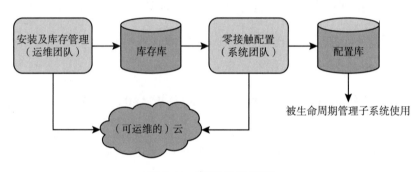

图 2-5　资源配置概览

回想一下，在第 1 章中我们曾提到 Aether 平台与托管在该平台上的云原生工作负载不同。在这里两者是相关的，因为资源配置子系统必须保证在生命周期管理子系统开始工作之前启动并运行 Aether 平台。但是在循环依赖的另一个例子中，生命周期管理子系统也在让底层平台保持最新状态方面发挥着作用。

显然，"安装及库存管理"这一步骤需要人工参与，并且需要手动准备资源，但我们的目标是尽量减少运维人员的配置步骤（以及相关的专业知识），并最大限度地提升零接触配置系统的自动化程度。还要注意，图 2-5 偏向于配置一个物理集群，比如 Aether 的边缘站点。对于还包括一个或多个运行在中心数据中心的虚拟集群的混合云，也需要配置这些虚拟资源。第 3 章从更广泛的角度介绍了资源配置，同时考虑了物理资源和虚拟资源。

2.4.2　生命周期管理

生命周期管理是将经过调试、扩展和重构的组件（通常以微服务的方式）集成到一组工件（例如 Docker 容器和 Helm Chart）中，然后将这些工件部署到云上的过程。它包括一个全面的测试机制，通常还包括开发人员检查和评审代码的过程。

图 2-6 给出了对生命周期的概述，它通常拆分为集成阶段和部署阶段，后者将第一阶段的集成工件与 2.4.1 节中介绍的资源配置生成的配置工件相结合。图中没有显示任何人工干预（在开发完成之后），这意味着任何合入代码库的补丁都会触发集成，而任何新的集成工件都会触发部署。这通常被称为持续集成 / 持续部署（CI/CD），尽管在实践中，在实际部署前运维人员的经验判断和其他因素也会被考虑在内。

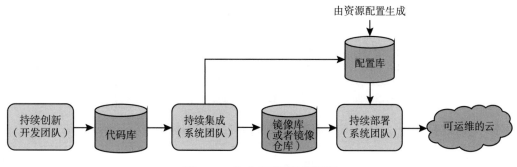

图 2-6　生命周期管理概述

生命周期管理的关键职责之一是版本控制，包括评估版本和软件之间的依赖关系，但有时也可能需要部署软件的新版本或回滚到旧版本，以及同时部署多个版本。管理所有需要配置的状态，用于成功部署系统中每个组件的正确版本，这是我们在第 4 章中讨论的核心挑战。

2.4.3　运行时控制

一旦成功部署和运行后，运行时控制子系统就会提供可编程 API，可以被各个利益相关者用来管理系统提供的任何抽象服务（如 Aether 的 5G 连接服务）。如图 2-7 所示，运行时控制子系统部分解决了第 1 章中提出的"管理孤岛"问题，因此用户不需要知道连接服务可能跨越四个不同的组件，或者如何单独控制 / 配置每个组件（例如在移动核心网的例子中，SD-Core 是分布在两个云上的，CP 子系统负责控制 UP 子系统）。以连接服务为例，用户只关心是否能够对设备进行端到端授权和设置 QoS 参数。

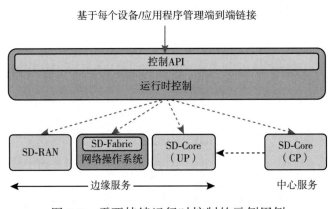

图 2-7　需要持续运行时控制的示例用例

注意图 2-7 侧重于连接即服务，但同样的方法也适用于云为最终用户提供的所有服务。因此我们将这个图的流程进行抽象，运行时控制子系统代理了对任何底层微服务（或微服务集合）的访问，云的设计者希望通过这一子系统向其他用户（包括 AMP）公开这些访问接口。实际上，运行时控制实现了一个抽象接口层，可以通过可编程 API 进行编码或者编排。

考虑到这一中介角色，运行时控制子系统提供了：①抽象服务建模（表示）的机制；②存储了与这些模型相关的配置和控制状态，并将这种状态应用于底层组件，确保与运维人员的意图保持同步；③授权用户可以在每个服务上调用的 API 集合。这些细节将在第 5 章中详细介绍。

2.4.4　监控和遥测

除了控制服务功能之外，还必须对运行中的系统进行持续监控，以便运维人员能够诊断和响应故障、调优性能、执行根因分析和安全审计，并了解何时需要对系统做扩容。这需要一套机制来观察系统行为、收集和归档结果数据、分析数据并触发各种响应操作，以及在仪表盘中可视化数据（类似于图 2-8 中示例所示）。

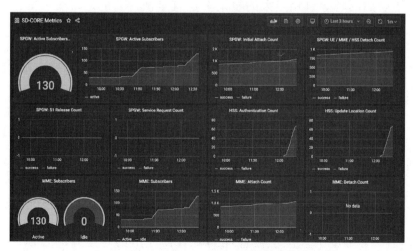

图 2-8　Aether 仪表盘示例，显示了其中一个子系统（SD-Core）的运行状况

从广义上讲，云管理的监控和遥测通常由三部分组成：①收集定量指标（例如平均负载、传输速率、每秒操作数）的监控组件；②收集诊断消息（例如解释各种事件的文本字符串）的日志组件；③可以重建一组微服务之间消息流的跟踪组件。这些数据都包含时间戳，因此可以通过时间戳关联定量分析与定性解释，以支持诊断和分析。

2.4.5 小结

通过对这一管理架构的概览，我们可以得出这样的结论：这四个子系统是以一种严格的、自顶向下的方式做架构设计的，彼此之间完全独立。但事实并非如此，更准确地说，该系统是自下而上演进的，一次解决一个紧迫问题，同时创建了一个大型的开源组件生态系统，可以在不同的组合中使用。我们在本书中展示的是对最终结果的回顾描述，将边缘云分为四个子系统用于帮助理解其架构。

在实践中，这四个组成部分之间有许多交互的机会，在某些情况下，子系统之间相互重叠的问题导致相当大的争论。这就是使得云的运维变成如此棘手的问题的原因。例如，很难在资源配置结束和生命周期管理开始之间划出一条清晰的界线。人们可以将配置视为生命周期管理的"步骤0"。另一个例子是，运行时控制和监控子系统通常组合在一个用户界面中，为运维人员提供一种读取（监控）和写入（控制）运行系统的各种参数的方法。连接这两个子系统是我们构建闭环控制的方式。

上述两个"简化"使我们能够将管理平台的架构概述减少到图2-9所示的二维表示。在一个维度中，位于被管理的混合云之上的是运行时控制子系统（包

括监控和遥测子系统，用于使控制回路闭环），用户和运维人员通过定义良好的
REST API 读写系统运行时参数。而在另一个维度中，运行在混合云旁边的是生
命周期管理子系统（包括作为步骤 0 的资源配置子系统）。运维人员和开发人员
通过将代码（包括配置规范）提交到存储库中来指定对系统的更改，然后定期触
发正在运行的系统的升级。

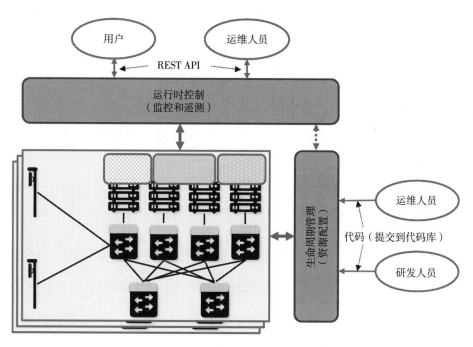

图 2-9　管理平台的简化表示

这种简化的观点引起了人们对模糊性的注意，即"更改正在运行的系统的参
数"与"升级正在运行的系统"之间的区别。通常，生命周期管理子系统负责
配置每个组件（包括每个组件部署的版本），而运行时控制子系统负责控制每个
组件。但是很难在配置和控制之间划出一条清晰的界线。配置更改是否只在首
次启动组件时才发生？是否可以更改正在运行的系统的配置？如果这样做，这与

更改控制参数有何不同？如图 2-9 中虚线箭头所示，让运行时控制子系统通过生命周期管理子系统进行更改是否有价值？这种差异通常与更改的频率有关（这又与更改对现有流量 / 工作负载的破坏程度有关），但最终，如何称呼它并不重要，只要使用的机制能够满足我们的所有需求。

当然，一个操作型系统不能很好地容忍这种模糊性。管理的每个方面都必须以一种定义明确的、有效的和可重复的方式得到支持。这就是为什么我们提供了四个子系统的具体实现的介绍，以反映一组特定的设计选择。在接下来的章节中我们添加了更多细节，提出了做出不同工程决策的机会，以及我们选择背后的设计原理。

2.5 DevOps

前面的讨论集中在组成控制和管理平台的子系统上，但是这样的平台是供人们使用的。这意味着我们需要一组操作流程和程序，在云环境中，这些流程和程序现在通常围绕 DevOps 模型进行组织。下面给出了总结，并对本书中提出的与运维相关的流程进行更广泛的讨论。

DevOps 已经成为一个被过度使用的术语，它通常指开发云功能的工程师与部署及管理云功能的运维人员之间的界限变得模糊，由同一个团队来承担开发和运维的职责。但是这个定义太不精确，帮助不大。关于 DevOps，有以下三个方面需要重点了解。

首先，当涉及一组服务（或用户可见的特性）时，开发人员确实在部署和运维这些服务方面发挥了作用。让开发人员能够做到这一点正是管理平台的价值所在。以 Aether 中负责 SD-RAN 的团队为例，该团队不仅实现了新的 SD-RAN 特性，而且一旦它们的补丁集被合入代码存储库中，这些更改就会被 2.4 节介绍的自动化工具链集成和部署。这意味着 SD-RAN 团队还要负责：

1）将测试用例添加到生命周期管理的 CI 部分，并编写生命周期管理的 CD 部分所需的任何配置规范。

2）代码中集成可观测性功能，使其可以向监控和遥测框架上报数据，以提供解决出现的任何问题所需的仪表盘和警报器。

3）增加运行时控制的数据模型，从而使得组件内部接口可以直接连接到云端外部可见的北向接口。

一旦部署并投入运行，SD-RAN 团队还负责诊断任何由专门的支持人员无法解决的问题。[⊖]SD-RAN 团队有动力利用平台的自动化机制（而不是利用临时变通方法），并记录组件行为（尤其是如何解决已知问题），从而避免自己在半夜接到求助电话。

谷歌的经验

我们对 DevOps 的概述是基于如何在谷歌中实践该方法论的，在这个背景下，这是一个很好的例子，说明努力把苦劳降到最低是多么好的事情。随着谷歌积累

⊖ 无论是传统的还是基于 DevOps 的，通常都有一个一线支持团队，也就是常说的提供第一级支持。它们直接与客户互动，第一个对警报做出反应，并根据精心编写的剧本解决问题。如果第一级支持无法解决问题，则将其提升到第二级，并以此类推，最终提升到第三级，后者是最了解实施细节的开发人员。

了构建和运行谷歌云的经验，其对云管理系统的增量改进被吸收到一个名为 Borg 的系统中。

Kubernetes 是当今业界广泛使用的开源项目，它脱胎于谷歌的 Borg 系统。Kubernetes 承载的功能随着时间的推移不断发展，以应对部署、升级和监控一组容器的运维挑战，这是"水涨船高"的一个很好的例子。如果有足够的演进时间，下一层云管理机制（大致对应于本书中涉及的主题）也可能会出现。正如我们将看到的，问题的多维度范围特性是我们面临的挑战。

其次，由于边缘云的控制和管理平台中内置了丰富的功能，因此前文中介绍的所有活动都是可能的，这也是本书的主题。⊖ 必须有人构建这个平台，其中包含一个可以插入单个测试的测试框架；一个自动部署框架，能够在不需要人工干预的情况下，完成一定数量范围内的服务器和站点的部署与升级；一个监控和遥测框架，组件可以上报状态；一个运行时控制环境，可以将高级指令转换为后端组件的低级操作等。虽然这些框架中的每一个子系统都是由一个负责保障其他服务平稳运行的团队创建的，但它们已经拥有了自己的生命。控制和管理平台现在拥有自己的 DevOps 团队，它们除了持续改进平台，还需要处理现场运维事件，并在必要时与其他团队（如 Aether 的 SD-RAN 团队）协同，以解决出现的问题。它们有时被称为系统可靠性工程师（System Reliability Engineer，SRE），除了负责控制和管理平台，还要求其他人遵循操作规程——这就是接下来要讨论的 DevOps 的第三个方面。

⊖ 这就是我们把管理系统称为"平台"的原因，AMP 就是一个例子。它作为一个通用的框架，所有其他云组件的开发人员都可以在这里插入插件，将它平台化并利用它的功能。这就是我们最终解决"管理孤岛"问题的方法。

　　最后，在纪律严明的情况下，所有这些团队都需要严格遵守两个可量化的规则。第一条规则：平衡特性开发速度和系统可靠性。对每个组件都赋予出错预算（即服务可以失效的时间百分比），除非该组件一直在此范围内运行，否则就不能推出新特性。这个测试是 CI/CD 流水线上的一个"门禁"。第二条规则：平衡花在运维上的时间（如人工诊断或修复问题的时间）和为控制和管理平台设计新功能以减少未来所需工作花费的时间。如果把太多时间花在具体工作上，而把太少时间花在改进控制和管理平台上，那就意味着需要投入额外的工程资源。[⊖]

　　⊖　延伸阅读：B. Beyer, C. Jones, J. Petoff, and N. Murphy, Editors. Site Reliability Engineering: How Google Runs Production Systems, 2016.

第 3 章　*Chapter 3*

资源配置

资源配置是指将虚拟资源和物理资源联机的过程。它包含人工上架组件（上架和连接设备）以及引导组件（配置资源如何引导到"就绪"状态）。资源配置发生在首次安装一个云部署的时候，即对资源进行初始化，但随着时间的推移以及新资源的添加、旧资源被删除或者升级，配置的资源也会随之改变。

资源配置的目标是零接触，但由于配置硬件天然需要人工操作，因此这样的目标是不可能实现的（我们稍后讨论分配虚拟资源的问题）。实际上，我们的目标是尽量减少物理连接设备之外所需配置步骤的数量和复杂性，请记住，这里我们需要配置的是从供应商处购买的商品硬件，而不是已经准备好的即插即用设备。

当我们基于虚拟资源（例如，在商业云上实例化的虚拟机）构建云时，"上架和连接"步骤是通过调用一系列 API 来完成的，而不是技术人员亲自动手。当然，我们希望将激活虚拟基础设施所需的一系列 API 调用都自动化，这就产生了被称为"基础设施即代码（Infrastructure-as-Code）"的方法，这是第 2 章中介绍的配置即代码概念的特殊情况。一般做法是用一种可"执行"的声明式文件来记录我们期望将基础架构配置成什么样子，以及如何配置。我们使用 Terraform 作为"基础设施即代码"的开源方案。

当云由虚拟资源和物理资源组合构建时，就像 Aether 这样的混合云，我们需要一种无缝的方式来管理两者。为此，我们的方法是首先在硬件资源上叠加一种逻辑结构，使其大致相当于我们从公有云上获得的虚拟资源，这将产生类似图 3-1 所示的混合场景。我们使用 NetBox 作为开源解决方案，用于在物理硬件上构建一个逻辑结构层。NetBox 还帮助我们满足跟踪实物库存的需求。

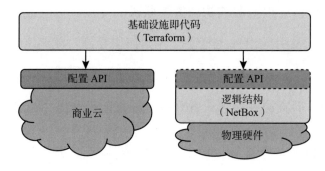

图 3-1　混合云中的资源配置，包括物理资源和虚拟资源

注意，图 3-1 右侧显示的配置 API 不是 NetBox 的 API，Terraform 不直接与 NetBox 交互，而是与 3.1 节中介绍的硬件配置流程组件交互。考虑这一问题的方法是，将硬件引导到"就绪"状态的任务涉及安装和配置若干个共同构成云平台的子系统，Terraform 使用我们在 3.1 节末尾介绍的 API 与该平台交互。

本章从提供物理基础设施开始，介绍了图 3-1 中描述的两个方面的配置操作。我们先专注于解决初次配置整个站点的挑战。随着更多配置细节的展开，我们也将讨论更简单的增量配置单个资源的问题。

3.1　物理基础设施

上架硬件设备的过程本质上是人力密集型的，需要考虑气流布局（用于散热）及电缆管理等因素。这些问题超出了本书范围，我们不做讨论。本书中专注于"物理 / 虚拟"边界，它从技术人员用作施工蓝图的布线规划开始。这种规划的细节与特定部署高度相关，但我们可使用图 3-2 所示示例辅助说明规划所涉及的常见所有步骤。该示例基于部署在企业中的 Aether 集群，用于突出所需的专用性程度（主要指基础设施）。我们需要通过大量规划来指定适当的物料清单（Bill Of Material，BOM），其中包括有关单个设备型号的详细信息，但这方面的具体内容不在本书讨论范围之内。

图 3-2 所示的蓝图实际上包括两个共享管理交换机和管理服务器的逻辑集群。上层集群对应于生产部署，包含五台服务器和一个 2×2 叶脊交换网络。下层集群用于开发，包括两台服务器和一台交换机。这种硬件资源的逻辑分组并不是 Aether 独有的，我们也可以要求公有云厂商提供多个逻辑集群，因此能够对物理资源进行相同的操作是很自然的需求。

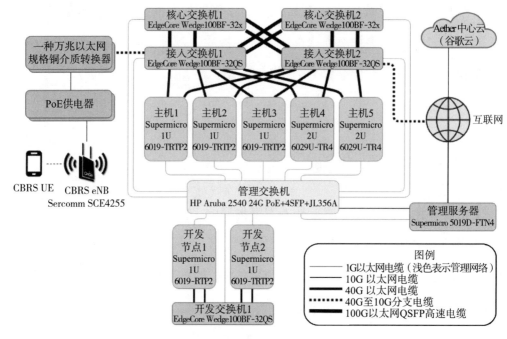

图 3-2 边缘集群的网络布线示例

除了遵循这个蓝图外，技术人员还将物理基础设施的实际数据输入到数据库中。这些配置信息将用于后续的配置步骤，我们将在接下来的章节详细介绍。

3.1.1 文档基础设施

在数据库中记录物理基础设施的逻辑数据结构是我们跨越从物理到虚拟的鸿沟的方式。这既涉及为所收集的信息定义一组模型（该模型有效地表示了图 3-2 中所示的逻辑结构），也涉及输入有关物理设备的相应信息。无论它是更大规模的自动化框架（如本书中描述的）的第一阶段，还是只是简单地记录分配给每个网络设备的 IP 地址，这个过程对于任何负责管理设备网络的人来说都应该很熟悉。

有几种开源工具可用于完成此任务。在本书中，我们的选择是 NetBox[⊖]。该工具支持：① IP 地址管理（IP Address Management，IPAM）；②能够记录关于设备类型及其安装位置的库存相关信息；③维护基础设施按组和站点组织上架；④维护设备连接到控制台、网络和电源的信息。在 NetBox 网站上可以找到更多关于它的介绍。

NetBox 的一个关键特性是能够自定义用于组织收集到的所有信息的模型集合。例如，运维人员可以定义机架和站点这样的物理分组，也可以定义像组织和部署这样的逻辑分组。下面我们使用图 3-2 所示的 Aether 网络规划作为示例，重点介绍配置单个 Aether 站点时需要做的事情（但需要注意的是如第 2 章所述，Aether 可以跨越多个站点）。

第一步是为正在准备的站点创建记录，记录与该站点相关的所有元数据，包括站点的名称和位置，以及站点所属的组织。一个组织可以拥有多个站点，而一个站点可以跨越一个或多个机架，以及托管一个或多个部署。部署是一个逻辑集群，例如生产、预生产和开发。图 3-2 所示的网络规划包括两个这样的部署。

让我们先来看一下指定分配给特定边缘部署的 VLAN 和 IP 前缀。因为维护 VLAN、IP 前缀和 DNS 域名（DNS 是自动生成的）之间的明确关系非常重要，所以浏览下面的具体示例会很有帮助。我们从每个站点所需的最小 VLAN 集开始：

⊖ 延伸阅读：NetBox：Information Resource Modeling Application（https://docs.netbox.dev）。

- ADMIN 1

- UPLINK 10

- MGMT 800

- FABRIC 801

这些都是 Aether 特有的，也说明了集群可能需要的 VLAN 集。至少人们期望在集群中看到一个"管理"网络（本例中为 MGMT）和一个"数据"网络（本例中为 FABRIC）。同样针对 Aether（但具有通用性），如果站点上有多个部署共享一个管理服务器，则会添加额外的 VLAN（MGMT/FABRIC 的 id 加 10）。例如第二个开发部署可能定义为：

- DEVMGMT 810

- DEVFABRIC 811

然后 IP 前缀与 VLAN 相关联，所有边缘 IP 前缀可以使用一个 /22 的子网。然后以与管理 DNS 域名类似的方式对该子网进行分区，即域名是通过将设备名称（见下文）的第一个 <devname> 组件与此后缀组合生成。以 10.0.0.0/22 为例，它有 4 个边缘前缀，用途如下：

- ADMIN 前缀为 10.0.0.0/25（用于 IPMI）。
  - 管理服务器和管理交换机。
  - 分配给 ADMIN 的 VLAN 为 1。
  - 域名设置为 `admin.<deployment>.<site>.aetherproject.net`。

- MGMT 前缀为 10.0.0.128/25（用于基础设施控制平面）。

○ 服务器管理平面和光纤交换机管理平面。

○ 分配给 MGMT 的 VLAN 为 800。

○ 域名设置为 mgmt.<deployment>.<site>.aetherproject.net。

- FABRIC 前缀为 10.0.1.0/25（用于基础设施数据平面）。

○ 计算节点到光纤交换机的 qsfp0 端口的 IP 地址，以及其他光纤连接的设备（例如，eNB）。

○ 分配给 FABRIC 的 VLAN 为 801。

○ 域名设置为 fab1.<deployment>.<site>.aetherproject.net。

- FABRIC 前缀为 10.0.1.128/25（用于基础设施数据平面）。

○ 计算节点到光纤交换机的 qsfp1 端口的 IP 地址。

○ 分配给 FABRIC 的 VLAN 为 801。

○ 域名设置为 fab2.<deployment>.<site>.aetherproject.net。

Kubernetes 还使用其他不需要在 NetBox 中创建的边缘前缀。注意，本例中的 qsfp0 和 qsfp1 表示连接到交换网络的收发器端口，其中 QSFP 表示 4 通道小型可插拔设备（Quad Small Form-Factor Pluggable）。

记录了站点范围内的信息后，下一步是安装并记录每个设备。这包括输入 <devname>，<devname> 随后用于为设备生成完整域名 <devname>.<deployment>.<site>.aetherproject.net。创建设备时还需要填写以下字段：

- Site

- Rack & Rack Position

- Manufacturer

- Model

- Serial number

- Device Type

- MAC Addresses

请注意，通常有一个主接口和一个管理接口（例如 BMC/IPMI）。Netbox 的一个功能是使用设备类型作为模板来设置接口、电源连接和其他设备型号特定属性的默认命名。

最后，必须指定设备的虚拟接口，并将其标签字段设置为分配给它的物理网络接口。然后将 IP 地址分配给我们定义的物理和虚拟接口。管理服务器应始终具有每个 IP 段内的第一个 IP 地址，并且它们应该是递增的，如下所示：

- 管理服务器
  - eno1——站点提供的公网 IP 地址，如果启用了 DHCP 则为空。
  - eno2——10.0.0.1/25（ADMIN 使用的第一个 IP 地址），设置为主 IP。
  - bmc——10.0.0.2/25（ADMIN 使用的下一个 IP 地址）。
  - mgmt800——10.0.0.129/25（MGMT 使用的第一个 IP 地址，位于 VLAN 800 上）。
  - fab801——10.0.1.1/25（FABRIC 使用的第一个 IP 地址，位于 VLAN 801 上）。

- 管理交换机

○ gbe1——10.0.0.3/25（ADMIN 使用的下一个 IP 地址），设置为主 IP。

- 光纤交换机

  ○ eth0——10.0.0.130/25（MGMT 使用的下一个 IP 地址），设置为主 IP。

  ○ bmc——10.0.0.131/25。

- 计算服务器

  ○ eth0——10.0.0.132/25（MGMT 使用的下一个 IP 地址），设置为主 IP。

  ○ bmc——10.0.0.4/25（ADMIN 使用的下一个 IP 地址）。

  ○ qsfp0——10.0.1.2/25（FABRIC 使用的下一个 IP 地址）。

  ○ qsfp1——10.0.1.3/25。

- 其他光纤设备（eNB 等）

  ○ eth0 或其他主接口——10.0.1.4/25（FABRIC 使用的下一个 IP 地址）。

一旦将这些数据输入 NetBox 中，就可以使用它来生成如图 3-3 所示的机架图，对应于图 3-2 所示的布线图。请注意，该图显示了位于一个物理机架中的两个逻辑部署（生产和开发）。

还可以为部署生成其他有用的规范，帮助技术人员确认所记录的逻辑规范是否与实际物理表示相匹配。例如，图 3-4 显示了一组电缆，以及它们如何在我们的示例部署中连接相关的一组硬件。

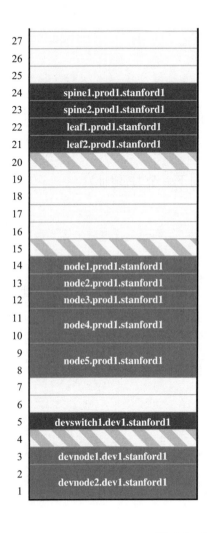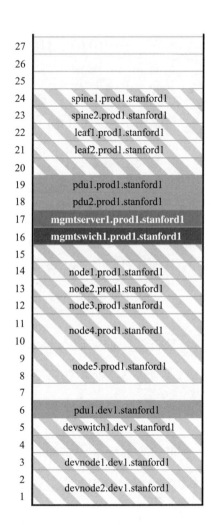

图 3-3　NetBox 机架配置渲染图

Cables

	ID	Label	Side A	Termination A	Side B	Termination B	Status	Type	Length	Color
☐	165	—	mgmtswitch1.prod1.stanford1	gbe3	node1.prod1.stanford1	bmc	Connected	CAT6	2 Feet	
☐	166	—	mgmtswitch1.prod1.stanford1	gbe4	node2.prod1.stanford1	bmc	Connected	CAT6	2 Feet	
☐	167	—	mgmtswitch1.prod1.stanford1	gbe5	node3.prod1.stanford1	bmc	Connected	CAT6	2 Feet	
☐	168	—	mgmtswitch1.prod1.stanford1	gbe6	node4.prod1.stanford1	bmc	Connected	CAT6	3 Feet	
☐	169	—	mgmtswitch1.prod1.stanford1	gbe7	node5.prod1.stanford1	bmc	Connected	CAT6	3 Feet	
☐	170	—	mgmtswitch1.prod1.stanford1	gbe11	spine1.prod1.stanford1	eth0	Connected	CAT6	5 Feet	
☐	171	—	mgmtswitch1.prod1.stanford1	gbe12	spine2.prod1.stanford1	eth0	Connected	CAT6	5 Feet	
☐	172	—	mgmtswitch1.prod1.stanford1	gbe13	leaf1.prod1.stanford1	eth0	Connected	CAT6	5 Feet	
☐	173	—	mgmtswitch1.prod1.stanford1	gbe14	leaf2.prod1.stanford1	eth0	Connected	CAT6	5 Feet	
☐	174	—	mgmtswitch1.prod1.stanford1	gbe15	node1.prod1.stanford1	gbe0	Connected	CAT6	2 Feet	
☐	175	—	mgmtswitch1.prod1.stanford1	gbe16	node2.prod1.stanford1	gbe0	Connected	CAT6	2 Feet	
☐	176	—	mgmtswitch1.prod1.stanford1	gbe17	node3.prod1.stanford1	gbe0	Connected	CAT6	2 Feet	
☐	177	—	mgmtswitch1.prod1.stanford1	gbe18	node4.prod1.stanford1	gbe0	Connected	CAT6	3 Feet	
☐	178	—	mgmtswitch1.prod1.stanford1	gbe19	node5.prod1.stanford1	gbe0	Connected	CAT6	3 Feet	

图 3-4　NetBox 布线列表

如果你觉得这些细节看起来是冗长乏味的，那你就抓到本节的重点了。自动化控制和管理云的一切都依赖于拥有完整、准确的相关资源的数据。保持这些信息与物理基础设施的现实同步通常是此过程中最薄弱的环节。唯一的优点是信息是高度结构化的，像 NetBox 这样的工具可以帮助我们维护这种数据结构。

3.1.2　配置和启动

在安装硬件并记录有关安装的事实之后，下一步是配置和启动硬件，以便为接下来的自动化过程做好准备。我们的目标是最小化图 3-2 中所示的物理基础设施所需的手动配置，但是零接触是一个很高的标准。为了说明这一点，当前完成我们的示例部署配置所需的引导步骤包括：

- 配置管理交换机，使其知道正在使用的 VLAN 集合。

- 配置管理服务器，使其通过额外提供的 USB 密钥启动。

- 运行必要的 Ansible 角色和剧本，在管理服务器上完成配置。

- 配置计算服务器，使其从管理服务器（通过 iPXE）启动。

- 配置光纤交换机，使其从管理服务器（通过 Nginx）启动。

- 配置 eNB（移动基站），使其知道自己的 IP 地址。

这些都是手动配置步骤，需要从控制台访问或将信息输入设备 Web 界面中，这样任何后续配置步骤都可以完全灵活地自动化完成。请注意，虽然这些步骤不能自动化，但也不一定必须在现场执行；可以提前将准备发送到远程站点的硬件准备好。还要注意的是，不要在此步骤中使用可以稍后完成的配置。例如我们可以在进行物理安装时，在 eNB 上设置各种无线电参数，但是一旦集群上线，这些参数就可以通过管理平台设置。

应该尽量减少在这个阶段所做的手动配置工作，并且大多数系统应该使用自动化的配置方法。例如，普遍使用 DHCP 来分配 IP 地址及预留 MAC 地址，而不是手动配置每个接口，从而实现零接触管理并简化未来的重新配置。

配置的自动化可以由一组 Ansible 角色和剧本实现，按照图 2-5 所示的资源配置概览，它们对应于代表"零接触配置（系统）"方框。换句话说，我们没有现成的零接触配置解决方案可以使用（也就是说，必须有人编写剧本），但是通过访问 NetBox 维护的所有配置参数，问题将得到大大简化。

总体思路如下。对于每个需要配置的网络服务（如 DNS、DHCP、iPXE、Nginx）和每个设备子系统（如网络接口、Docker），都有对应的 Ansible 角色和剧本。[⊖]一旦管理网络联机，上面总结的各阶段手动配置就将被应用于管理服务器。

Ansible 剧本在管理服务器上安装和配置网络服务。DNS 和 DHCP 的作用显而易见。至于 iPXE 和 Nginx，它们被用来引导其余的基础设施。计算服务器通过 DHCP/TFTP 方式下发 iPXE 配置，然后在 Nginx Web 服务器上加载脚本安装操作系统。光纤交换机从 Nginx 上加载 Stratum OS 包。

在大部分情况下，剧本将使用从 NetBox 中提取的参数，例如 VLAN、IP 地址、DNS 名称等。图 3-5 说明了该方法，并填充了一些细节。例如，一个本地开发的 Python 程序（edgeconfig.py）使用 REST API 从 NetBox 提取数据，并输出一组相应的 YAML 文件，这些文件经过精心设计用作 Ansible 的输入，从而在管理和计算系统上创建了更多的配置。其中一个例子是 Netplan 文件，它在 Ubuntu 中用于管理网络接口。关于 Ansible[⊜] 和 Netplan[⊜] 的更多信息可以在它们各自的网站上找到。

虽然图 3-5 强调了 Ansible 是如何与 Netplan 配合来配置内核级别的详细信息的，但也有一个 Ansible 剧本用于在每个计算服务器和光纤交换机上安装 Docker，然后启动一个运行“finalize”镜像的 Docker 容器。该镜像调用配置堆栈的下一层，有效表明集群正在运行并准备好接受进一步指令。我们现在准备好描述堆栈的下一层。

⊖　我们忽略 Ansible 中角色和剧本之间的区别，而将重点放在脚本这一通用概念上，它使用一组输入参数来运行。

⊜　延伸阅读：Automation Platform（https://www.ansible.com/）。

⊜　延伸阅读：Network Configuration Abstraction Renderer（https://netplan.io）。

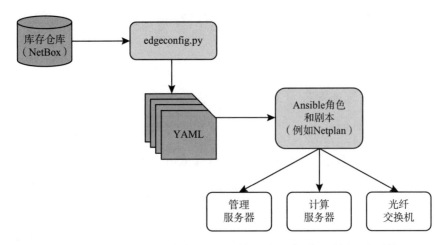

图 3-5　使用 NetBox 数据配置网络服务和操作系统级子系统

3.1.3　配置 API

到目前为止，完成我们所介绍的步骤之后，可以假设每个服务器和交换机都已启动并运行，但是仍然需要做一些工作为配置堆栈中的下一层准备裸金属集群，本质上是在图 3-1 所示的混合云的左右两边之间建立对应关系。如果你问自己"谷歌会怎么做？"最核心的任务是使用类似为裸金属边缘云设置的 API 去设置 GCP。该 API 主要包含了 Kubernetes API，但不仅提供了一种使用 Kubernetes 的方法，还包括管理 Kubernetes 的调用。

简而言之，这个"管理 Kubernetes"的任务就是把一组相互连接的服务器和交换机变成一个完全实例化的 Kubernetes 集群。对于初学者来说，API 需要提供一种在每个物理集群上安装和配置 Kubernetes 的方法。它包括指定要运行的 Kubernetes 版本、选择正确的容器网络接口（Container Network Interface，CNI）插件（虚拟网络适配器）组合，以及将 Kubernetes 连接到本地网络（以及可能需要的任何 VPN）。这一层还需要提供一种方法来设置访问和使用每个

Kubernetes 集群的账户及相关凭据，以及管理部署在给定集群上的独立项目的方法（例如管理多个应用的命名空间）。

例如，Aether 目前使用 Rancher 管理裸金属集群上的 Kubernetes，Rancher 的一个集中化实例负责管理所有边缘站点。这将产生如图 3-6 所示的配置，为了强调 Rancher 的管理范围，显示了多个边缘集群。虽然图中未显示，但 GCP 提供的 API 和 Rancher 一样，也跨越了多个物理站点（例如 us-west1-a、europe-north1-b、asia-south2-c 等）。

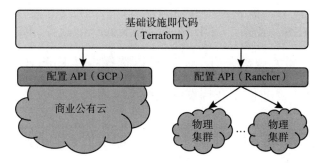

图 3-6　在包含 API 层的混合云中进行配置，用于管理在多个裸金属集群上运行的 Kubernetes 集群

最后需要指出的是，虽然我们经常将 Kubernetes（开源版本）当作广泛的行业标准，但事实并非如此，每个公有云厂商都提供了自己的定制化版本：

- Microsoft Azure 提供了 Azure Kubernetes Service（AKS）。
- AWS 提供了 Amazon Elastic Kubernetes Service（EKS）。
- Google Cloud 提供了 Google Kubernetes Engine（GKE）。
- Aether 边缘云运行的是 Rancher-certified version of Kubernetes（RKE）。

虽然 CNCF（云原生计算基金会，负责管理 Kubernetes 等项目的开源组织）

对这些版本和其他版本的 Kubernetes 进行了认证，但这只是建立了一个一致性基线。每个版本都可以在此基础上进行增强，这些增强通常以附加特性的形式来配置和管理 Kubernetes 集群。我们在云管理层的工作是为运营商提供一种管理这种异构架构的方法。正如我们将在 3.2 节中看到的，这是基础设施即代码层面临的主要挑战。

3.1.4　配置虚拟机

通过考虑配置虚拟机（VM）的步骤，我们结束了对配置物理机所需步骤的讨论。当我们向 AKS、EKS 或 GKE 请求创建 Kubernetes 集群时，这是在"幕后"发生的事情，因为超大规模公有云厂商可以选择将其 Kubernetes 服务分层放在基础设施即服务之上。我们正在构建的边缘云也需要类似的架构吗？

未必需要，因为我们的目标是支持一组精选的边缘服务，用于为企业用户提供业务价值，而不是支持容器即服务，所以不受信任的第三方不可以启动它们想要的任何应用程序，我们也不需要实现虚拟机"即服务"。但是我们仍然希望使用 VM 作为一种在有限数量的物理服务器上来隔离 Kubernetes 的工作负载的方法。这可以作为配置步骤来完成，类似于连接和启动物理机，但使用 KVM 和 Proxmox 等虚拟化机制来完成，而不需要类似 OpenStack 这样的成熟的 IaaS 机制。然后这些 VM 将被记录为 NetBox 和本节描述的其他工具中的一级云资源，与物理机没有什么区别。

为什么 Kubernetes 允许我们在单个集群上部署多个应用程序呢？这个问题值得我们深思其背后的原因。一个原因是支持细粒度的资源隔离，从而可以确保每个 Kubernetes 应用能够获得完成工作所需的处理器、内存和存储资源，以及减少应用程序之间信息泄露的风险。例如，假设除了每个边缘站点运行（默认）SD-Fabric、SD-RAN 和 SD-Core 工作负载之外，我们还想运行一个或多个其他边缘应用，比如在 2.3 节中介绍的 OpenVINO 平台。为了确保这些应用之间不相互干扰，我们可以为每个应用专门部署一个物理服务器子集。物理分区是共享物理集群的一种粗粒度方式。通过实例化虚拟机，能够在多个应用之间"分割"一台或多台服务器，这为运维人员分配资源提供了更大的灵活性，通常意味着更少的整体资源需求。请注意，还有其他方法可以指定如何在应用程序之间共享集群资源（我们将在 4.4 节中看到），但是配置层是解决这个问题的一个选项。

3.2 基础设施即代码

上面介绍的 Kubernetes 配置接口包含三种：可编程 API、命令行接口（CLI）和图形用户界面（GUI）。如果你尝试了本书推荐的教程，可能会使用后两种教程中的一种。然而，对于运维部署来说，让运维人员与 CLI 或 GUI 交互是有问题的。这不仅因为人容易出错，还因为几乎不可能始终如一地重复一系列配置步骤。能够持续重复这个过程是下一章所介绍的生命周期管理的核心。

这个问题的解决方案是以声明式语法定义基础设施，包含需要实例化的 Kubernetes 集群信息（例如一部分是运行在裸金属上的边缘集群，一部分在 GCP 中实例化），以及相关的配置信息，然后自动化调用可编程 API。这是基础设施即代码的本质，正如前面说的，我们使用 Terraform[⊖] 作为开源示例。

　⊖　延伸阅读：Terraform Documentation（https://www.terraform.io/docs）。

由于 Terraform 规范是声明式的，所以理解它的最佳方法是浏览特定示例。这样做的目的不是记录 Terraform（对更详细的内容感兴趣的人可以使用在线文档和循序渐进的教程），而是建立关于基础设施即代码层在管理云方面所起作用的直觉。

为了理解示例，我们需要了解的有关 Terraform 配置语言的主要内容是它提供了一种方法：1）为不同类型的资源指定模板（这些是 .tf 文件）；2）为这些资源模板的特定实例填充变量（这些是 .tfvars 文件）。然后给定一组 .tf 和 .tfvars 文件，Terraform 实现了一个两阶段的过程。在第一阶段，根据执行上一个计划以来发生的变化构建一个执行计划。在第二阶段，Terraform 执行一系列任务，使底层基础设施符合最新定义的规范。请注意，目前我们的工作是编写这些规范文件，并将它们提交到配置存储库。在第 4 章中，Terraform 将作为 CI/CD 流水线的一部分被调用。

现在来看具体的文件。在最顶层，运维人员定义了他们计划纳入基础设施中的一组提供者。我们可以认为每个提供者对应于一个云后端，包括图 3-6 中介绍的相应配置 API。在我们的示例中，只展示两个提供者：Rancher 管理的边缘集群和 GCP 管理的集中式集群。注意，示例文件为每个供应商声明了一组相关变量（例如 url、access-key），这些变量由下面介绍的特定实例的变量文件"填充"。

```
terraform {
  required_version = ">= 0.13"
  required_providers {
    rancher2 = {
      source  = "rancher/rancher2"
      version = "= 1.15.1"
```

```
    }
    google = {
      source = "hashicorp/google"
      version = "~> 3.65.0"
    }
    null = {
      source = "hashicorp/null"
      version = "~> 2.1.2"
    }
  }
}

variable "rancher" {
  description = "Rancher credential"
  type = object({
    url        = string
    access_key = string
    secret_key = string
  })
}

variable "gcp_config" {
  description = "GCP project and network configuration"
  type = object({
    region          = string
    compute_project = string
    network_project = string
    network_name    = string
    subnet_name     = string
  })
}

provider "rancher2" {
  api_url    = var.rancher.url
  access_key = var.rancher.access_key
  secret_key = var.rancher.secret_key
}

provider "google" {
```

```
 # Provide GCP credential using GOOGLE_CREDENTIALS variable
 project = var.gcp_config.compute_project
 region = var.gcp_config.region
}
```

下一步是为我们要配置的实际集群集填入详细信息（定义值）。让我们来看两个示例，对应于刚才指定的两个提供者。第一个示例显示了由 GCP 托管的集群（名为 amp-gcp），用于托管 AMP 工作负载（类似的有一个 sdcore-gcp 托管 SD-Core 实例）。Terraform 通过给特定集群分配相关联的标签（例如，env = "production"）实现让 Terraform 和管理堆栈的其他层之间建立联系，可以根据关联的标签有选择地采取不同的操作。我们将在 4.4 节中看到使用这些标签的示例。

```
cluster_name = "amp-gcp"
cluster_nodes = {
  amp-us-west2-a = {
    host     = "10.168.0.18"
    roles    = ["etcd", "controlplane", "worker"]
    labels   = []
    taints   = []
  },
  amp-us-west2-b = {
    host     = "10.168.0.17"
    roles    = ["etcd", "controlplane", "worker"]
    labels   = []
    taints   = []
  },
  amp-us-west2-c = {
    host     = "10.168.0.250"
    roles    = ["etcd", "controlplane", "worker"]
    labels   = []
    taints   = []
```

```
    }
  }
cluster_labels = {
  env        = "production"
  clusterInfra = "gcp"
  clusterRole = "amp"
  k8s        = "self-managed"
  backup     = "enabled"
}
```

第二个示例展示了一个要在站点 X 上实例化的边缘集群（名为 ace-X）。在示例代码中可以看到，这是一个由 5 个服务器和 4 个交换机（2 个叶交换机和 2 个脊交换机）组成的裸金属集群。每个设备的地址必须与 3.1 节中介绍的硬件配置阶段分配的地址相匹配。在理想情况下，该节中介绍的 NetBox（以及相关的）工具链将自动生成 Terraform 变量文件，但在实践中，通常仍然需要手动输入数据。

```
cluster_name = "ace-X"
cluster_nodes = {
  leaf1 = {
    user        = "terraform"
    private_key = "~/.ssh/id_rsa_terraform"
    host        = "10.64.10.133"
    roles       = ["worker"]
    labels      = ["node-role.aetherproject.org=switch"]
    taints      = ["node-role.aetherproject.org=switch:
                   NoSchedule"]
  },
  leaf2 = {
    user        = "terraform"
    private_key = "~/.ssh/id_rsa_terraform"
    host        = "10.64.10.137"
    roles       = ["worker"]
    labels      = ["node-role.aetherproject.org=switch"]
```

```
   taints        = ["node-role.aetherproject.org=switch:
                    NoSchedule"]
},
spine1 = {
  user          = "terraform"
  private_key = "~/.ssh/id_rsa_terraform"
  host          = "10.64.10.131"
  roles         = ["worker"]
  labels        = ["node-role.aetherproject.org=switch"]
  taints        = ["node-role.aetherproject.org=switch:
                    NoSchedule"]
},
spine2 = {
  user          = "terraform"
  private_key = "~/.ssh/id_rsa_terraform"
  host          = "10.64.10.135"
  roles         = ["worker"]
  labels        = ["node-role.aetherproject.org=switch"]
  taints        = ["node-role.aetherproject.org=switch:
                    NoSchedule"]
},
server-1 = {
  user          = "terraform"
  private_key = "~/.ssh/id_rsa_terraform"
  host          = "10.64.10.138"
  roles         = ["etcd", "controlplane", "worker"]
  labels        = []
  taints        = []
},
server-2 = {
  user          = "terraform"
  private_key = "~/.ssh/id_rsa_terraform"
  host          = "10.64.10.139"
  roles         = ["etcd", "controlplane", "worker"]
  labels        = []
  taints        = []
},
server-3 = {
  user          = "terraform"
```

```
      private_key = "~/.ssh/id_rsa_terraform"
      host        = "10.64.10.140"
      roles       = ["etcd", "controlplane", "worker"]
      labels      = []
      taints      = []
    },
    server-4 = {
      user        = "terraform"
      private_key = "~/.ssh/id_rsa_terraform"
      host        = "10.64.10.141"
      roles       = ["worker"]
      labels      = []
      taints      = []
    },
    server-5 = {
      user        = "terraform"
      private_key = "~/.ssh/id_rsa_terraform"
      host        = "10.64.10.142"
      roles       = ["worker"]
      labels      = []
      taints      = []
    }
}
cluster_labels = {
    env         = "production"
    clusterInfra = "bare-metal"
    clusterRole = "ace"
    k8s         = "self-managed"
    coreType    = "4g"
    upfType     = "up4"
}
```

这个问题的最后一部分是填写有关如何实例化每个 Kubernetes 集群的其余
细节。在本例中，我们只展示了用于配置边缘集群 RKE 的特定模块，如果你
了解 Kubernetes，其中大部分细节都很简单。例如，该模块指定为每个边缘集
群应加载 calico 和 multus CNI 插件。它还定义了如何根据这些规范调用

kubectl 来配置 Kubernetes。也许我们对 SCTPSupport 的引用会比较陌生，它表明特定的 Kubernetes 集群是否需要支持 SCTP。SCTP 是一种面向电信的网络协议，并不包含在普通 Kubernetes 部署中，但 SD-Core 需要它。

```
terraform {
  required_providers {
    rancher2 = {
      source = "rancher/rancher2"
    }
    null = {
      source = "hashicorp/null"
      version = "~> 2.1.2"
    }
  }
}

resource "rancher2_cluster" "cluster" {
  name = var.cluster_config.cluster_name

  enable_cluster_monitoring = false
  enable_cluster_alerting = false

  labels = var.cluster_labels

  rke_config {
    kubernetes_version = var.cluster_config.k8s_version

    authentication {
      strategy = "x509"
    }

    monitoring {
      provider = "none"
    }

    network {
      plugin = "calico"
```

```
      }

      services {
        etcd {
          backup_config {
            enabled      = true
            interval_hours = 6
            retention    = 30
          }
          retention = "72h"
          snapshot  = false
        }

        kube_api {
          service_cluster_ip_range = var.cluster_config.k8s_cluster_
          ip_range
          extra_args = {
            feature-gates = "SCTPSupport=True"
          }
        }
        kubelet {
          cluster_domain      = var.cluster_config.cluster_domain
          cluster_dns_server = var.cluster_config.kube_dns_cluster_ip
          fail_swap_on        = false
          extra_args = {
            cpu-manager-policy = "static"
            kube-reserved       = "cpu=500m, memory= 256Mi"
            system-reserved     = "cpu=500m, memory= 256Mi"
            feature-gates       = "SCTPSupport=True"
          }
        }

        kube_controller {
          cluster_cidr              = var.cluster_config.k8s_pod_range
          service_cluster_ip_range = var.cluster_config.k8s_cluster_
                                     ip_range
          extra_args                = {
            feature-gates = "SCTPSupport=True"
          }
```

```
    }

    scheduler {
      extra_args = {
        feature-gates = "SCTPSupport=True"
      }
    }

    kubeproxy {
      extra_args = {
        feature-gates = "SCTPSupport=True"
        proxy-mode = "ipvs"
      }
    }
  }
  addons_include = ["https://raw.githubusercontent.com/multus-
  cni/3.7/images/daemonset.yml"]
  addons = var.addon_manifests
 }
}

resource "null_resource" "nodes" {
  triggers = {
  cluster_nodes = length(var.nodes)
}

for_each = var.nodes

connection {
  type                = "ssh"

  bastion_host        = var.bastion_host
  bastion_private_key = file(var.bastion_private_key)
  bastion_user        = var.bastion_user

  user        = each.value.user
  host        = each.value.host
  private_key = file(each.value.private_key)
}
```

```
provisioner "remote-exec" {
  inline = [<<EOT
    ${rancher2_cluster.cluster.cluster_registration_token[0].node_
    command} \
    ${join(" ", formatlist("--%s", each.value.roles))} \
    ${join(" ", formatlist("--taints %s", each.value.taints))} \
    ${join(" ", formatlist("--label %s", each.value.labels))}
    EOT
  ]
  }
}


resource "rancher2_cluster_sync" "cluster-wait" {
  cluster_id = rancher2_cluster.cluster.id

  provisioner "local-exec" {
    command = <<EOT
    kubectl set env daemonset/calico-node \
     --server ${yamldecode(rancher2_cluster.cluster.kube_config).
    clusters[0].cluster.server} \
     --token ${yamldecode(rancher2_cluster.cluster.kube_config).
    users[0].user.token} \
     --namespace kube-system \
    IP_AUTODETECTION_METHOD=${var.cluster_config.calico_ip_
    detect_method}
    EOT
  }
}
```

　　还有其他一些松耦合端点需要绑定，例如定义用于连接边缘集群到 GCP 中
对应节点的 VPN，但是上述示例足以说明基础设施即代码在云管理堆栈中所起
的作用。关键的一点是 Terraform 处理的所有事情都可以由运维人员通过一系列
CLI 命令（或 GUI 点击）来完成（通过调用后台配置的 API），但经验表明，这种
方法容易出错，而且难以重复。从声明式语言开始，并自动生成正确的 API 调

用序列是克服这个问题的一种行之有效的方法。

最后我们需要注意这样一个事实：虽然我们现在为云基础设施定义了一个声明性规范，我们将其称之为 Aether 平台，但这些规范文件是我们在配置存储库中保存的一个软件工件。这就是基础设施即代码所指的含义：基础设施规范保存在存储库中，并像其他代码一样有版本控制。这个存储库反过来为下一章介绍的生命周期管理流水线提供了输入。3.1 节中介绍的物理配置步骤发生在流水线的"外部"（这就是为什么我们不只是将资源配置加入生命周期管理中），但将资源配置看作生命周期管理的"阶段 0"是一个比较公平的想法。

3.3 平台定义

定义系统架构的艺术在于如何在平台中包含的内容和在平台上运行的应用程序之间划清界限，在我们的例子中是混合云的管理框架。对于 Aether，我们决定在平台中包含 SD-Fabric（以及 Kubernetes），而 SD-Core 和 SD-RAN 被视为应用程序，尽管这三者都是作为基于 Kubernetes 的微服务实现的。这个决定的结果是 SD-Fabric 被初始化为本章介绍的配置系统的一部分（与 NetBox、Ansible、Rancher 和 Terraform 共同完成），而 SD-Core 和 SD-RAN 是基于第 4 章介绍的应用级别的机制进行部署的。

可能还有其他边缘应用作为 Kubernetes 工作负载运行，这使情况变得更加复杂，因为从它们的角度来看，所有 Aether 组件（包括 SD-Core 和 SD-RAN 实现的 5G 连接）都被假定是平台的一部分。换句话说，Aether 划了两条线，一条划分了 Aether 基础平台（Kubernetes 加上 SD-Fabric），另一条划分了 Aether PaaS（包括运行在平台上的 SD-Core 和 SD-RAN，加上管理整个系统的 AMP）。基础平台和 PaaS 之间的区别很细微，但本质上分别对应于软件堆栈和托管服务之间的区别。

从某些方面来说，这只是一个术语问题，不过这当然也很重要，但与我们的讨论相关的是，由于有多个重叠机制可供使用，因此有不止一种方法来解决遇到的工程问题，从而很容易最终得到一个不会混淆可分离关注点的解决方法。明确、统一地界定什么是平台的以及什么是应用的，是实现一个良好整体设计的先决条件。同样重要的是我们要认识到内部工程决策（例如，使用什么机制来部署给定组件）和外部可见的架构决策（例如，通过公共 API 开放什么样的功能）之间的区别。

第 4 章 *Chapter 4*

生命周期管理

生命周期管理关注的是随着时间的推移更新和升级一个正在运行的系统。第 3 章中，我们已经完成了硬件配置和安装基本软件平台的引导步骤，所以现在将注意力转向持续升级在该平台上运行的软件。作为提醒，我们假设基础平台包括运行在每个服务器和交换机上的 Linux，加上 Docker、Kubernetes 和 Helm，以及 SD-Fabric 控制网络。

虽然可以狭义地看待生命周期管理，并假设我们想要推出的软件已经经历了离线集成和测试过程（这是厂商发布其新版本产品的传统模式），但我们采取了一种

图 4-1　以提高特性开发速度
　　　　为目标的良性循环

使用得更广泛的方法，从开发过程开始创建新特性和功能。包括"创新"步骤在内形成了如图 4-1 所示的良性闭环，云行业告诉我们，这将帮助我们以更快的速度推出新特性。

当然，并不是每个企业都拥有和云厂商一样的庞大的研发团队，但这并不意味着企业失去了这个机会。创新可以来自许多来源，包括开源，所以真正的目标是使流水线的集成和部署民主化（降低门槛和成本），这正是本章介绍的生命周期管理子系统的目标。

4.1　设计概述

图 4-2 概述了构成生命周期管理子系统的两个部分：持续集成（Continuous Intergration，CI）和持续部署（Continuous Deployment，CD）包含的流水线 / 工具链，并扩展了第 2 章中的概要介绍。需要关注的关键是中间的镜像和配置库，它们代表了两部分之间的"接口"：CI 阶段生成 Docker 镜像和 Helm Chart，并存储到各自的存储库中，而 CD 阶段使用 Docker 镜像和 Helm Chart，从它们各自的存储库中拉取。

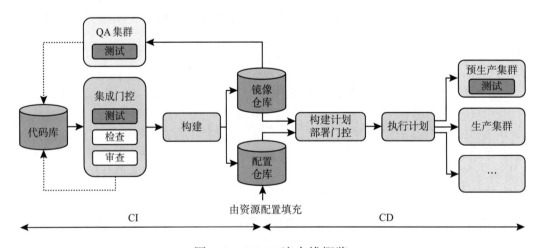

图 4-2　CI/CD 流水线概览

配置仓库还包含由资源配置生成的基础设施构件的声明性规范，特别是 Terraform 模板和变量文件。⊖ 虽然 3.1 节介绍的资源配置"手动"和"数据输入"步骤发生在 CI/CD 流水线之外，但配置的最终输出是嵌入配置仓库的"基础设施即代码"。这些文件是生命周期管理的输入，意味着每当这些文件发生变化时，Terraform 就会作为 CI/CD 的一部分被调用。换句话说，CI/CD 使底层云平台中的软件相关组件和在该平台上运行的微服务工作负载保持最新。

持续交付与持续部署

我们还会听到 CD 指的是"持续交付"（Continuous Delivery）而不是"持续部署"，但我们感兴趣的是完整的端到端过程，所以本书中 CD 总是暗示后者。但请记住，"持续"并不一定意味着"立即"，可以将各种门控功能注入 CI/CD 流水线中，用以控制何时以及如何推出升级。重要的是流水线中所有阶段都是自动化的。

那么"持续交付"究竟是什么含义呢？可以说，当与"持续集成"结合在一起时，它是多余的，因为由流水线的 CI 部分产生的工件集（例如 Docker 镜像）正是交付的内容。除非需要部署这些工件，否则没有"下一步"。这很让人头疼，但有些人会认为 CI 仅限于测试新代码，而持续交付对应于最后的"发布工件"步骤。出于我们的目的，我们将"发布工件"归纳到流水线的 CI 部分。

从以上概要中可以得出三个结论。首先，通过在 CI 和 CD（以及资源配置和 CD）之间传递定义明确的工件，因此所有三个子系统都是松耦合的，并且

⊖ 我们通常使用术语"配置仓库"表示一个或多个存储仓库，存储所有与配置相关的文件。在实践中，可能有一个存储 Helm Chart，另一个存储 Terraform 模板。

能够独立执行各自的任务。其次，成功构建和部署系统所需的所有权威状态都包含在流水线中，特别是作为配置存储库中的声明性规范。这是"配置即代码"的基石，有时也被称为 GitOps⊖，这也是本书所描述的 CI/CD 的云原生实现方法。最后，运营商有机会对流水线进行按需配置，如图 4-2 中的"部署门控"所示，控制何时部署哪些功能。

图 4-2 最左侧显示的第三个存储库是代码库。虽然没有明确指出，但开发人员正在将新特性和漏洞修复不断提交到这个代码库中，然后触发 CI/CD 流水线。针对这些提交的代码运行一组测试和代码评审，并将这些测试 / 评审的输出报告发送给开发人员，开发人员据此修改他们的补丁（图 4-2 中的虚线暗示了这些开发和测试反馈循环）。

图 4-2 的最右侧显示了一组部署目标，其中预生产环境和生产环境是两个示例。我们的想法是，首先将新版本软件部署到一组预生产集群中，在一段时间内，它会承受一段时间的实际工作负载，一旦在预生产环境中的部署让我们确信升级是可靠的之后，就将其部署到生产集群中。

这是对实际情况的简化描述。通常，在任何给定时间都可以部署两个以上不同版本的云软件。出现这种情况的一个原因是升级通常是渐进式的（例如，在一段较长的时间内每次只升级几个站点），这意味着即使是生产系统也在验证新版本的流程中扮演着角色。例如，一个新版本可能首先部署在 10% 的生产机器上，只有被认为是可靠的，才被推广到后面 25% 的机器上，以此类推。具体的发布策略体现为可配置参数，详见 4.4 节。

⊖ 延伸阅读：Guide to GitOps（https://www.weave.works/technologies/gitops/）。

最后，图 4-2 中所示的两个 CI 阶段定义了一个测试组件。一个是针对提交到代码库的每个补丁集运行的一组组件级测试，这些测试作为集成门控的门禁，只有先通过这轮初步测试，才能将补丁完全合并到代码库中。一旦合并，流水线将跨所有组件运行构建，然后在 QA（Quality Assurance，质量保障）集群上进行第二轮测试。这些测试用例都通过后，才可以在生产环境部署，但是请注意，测试也发生在预生产集群中，作为流水线 CD 端的一部分。人们可能自然会想知道软件在生产集群中运行后，我们如何继续对其进行测试。当然，这种情况也会发生，但我们倾向于称之为监控和遥测（以及随后的诊断），而不是测试，这是第 6 章的主题。

我们将在接下来的章节中更详细地探讨图 4-2 中的每个阶段，但在深入研究各个机制时，在我们头脑中保持高层次的、以特性为中心的视角是有帮助的。毕竟，CI/CD 流水线只是一种缜密的机制，帮助我们管理我们希望云支持的一组特性。每个特性都从开发开始，这与图 4-2 中集成门控剩下的所有内容相对应。一旦候选特性成熟到可以正式被代码库的主分支所接受（例如合并），就进入了集成阶段，在此期间，该特性将与所有其他候选特性（包括新旧特性）结合起来进行评估。最后，只要某个给定的特性子集被认为是稳定的，并且被证明是有价值的，就会被部署并最终在生产集群中运行。因为测试在一组特性的整个生命周期管理中处于中心位置，所以我们从测试开始讨论。

4.2　测试策略

进行生命周期管理的目标是提升特性开发速度，但这始终要与交付高质量代码（可靠、可扩展性和满足性能需求）相平衡。要确保代码质量，需要对其进行一系列测试，但"快速"做到这一点的关键是有效利用自动化。本节介绍了一种测试自动化的方法，但我们首先讨论整体的测试策略。

在云或者 DevOps 环境中进行测试的最佳实践是采用左移策略，该策略在开发周期的早期就引入测试，也就是在图 4-2 所示的流水线左侧。要应用此原则，首先必须了解需要什么类型的测试，然后运行这些自动化测试所需的基础设施。

4.2.1　测试类别

关于测试类型，有很多关于 QA 的词汇，但不幸的是，这些定义通常是模糊、重叠的，并且并不总是被一致使用的。下面给出了满足我们目的的简单分类，根据 CI/CD 流水线中发生的三个阶段（相对于图 4-2）组织了不同类别的测试：

- **集成门控**：这些测试针对每次提交的补丁集，因此必须快速完成，这就意味着它们涵盖的测试范围是有限的。有两类合并前测试：
  - **单元测试**：由开发人员编写的测试，专门测试单个模块。目标是通过对模块的公共接口执行"测试调用"来覆盖尽可能多的代码路径。
  - **冒烟测试**：功能测试的一种形式，通常针对一组相关模块，但通过简单 / 粗略的方式（这样它们可以运行得更快）运行。"冒烟测试"一词的词源据说来自硬件测试，比如，"当你打开盒子时，烟雾会从盒子里冒出来吗？"

- **QA 集群**：这些测试定期执行（例如，一天一次，一周一次），因此可以覆盖的范围更广。它们通常测试整个子系统，或者在某些情况下测试整个系统。有两类合并后 / 部署前测试：

  ◦ **集成测试**：确保一个或多个子系统正确运行，并遵循已知的不变性。除了端到端（跨模块）功能之外，这些测试还使用了集成机制。

  ◦ **性能测试**：类似于一定范围内（例如，在子系统级别）的功能测试，但是测量可量化的性能参数，包括扩展工作负载的能力，而不是功能正确性。

- **预生产集群**：在部署到生产环境之前，候选版本要在预生产集群上运行很长一段时间（例如，几天）。这些测试在一个完整且完全集成的系统上运行，通常用于发现内存泄露以及其他随时间和工作负载变化的问题。此阶段只运行一种类型的测试：

  ◦ **浸泡测试**（Soak Test）：有时也称为金丝雀测试（Canary Test），这些测试要求将通过人工生成的流量以及来自真实用户的请求相结合，在完整系统上产生真实的工作负载。因为整个系统完成了集成和部署，所以这些测试也用于验证 CI/CD 机制，例如提交到配置库的规范等。

图 4-3 总结了测试的顺序，突出了它们在整个生命周期时间线上的关系。注意，最左边的测试通常作为开发过程的一部分重复进行，而最右边的测试则是生产部署持续监控的一部分。为简单起见，图中将浸泡测试显示为在部署之前运行，但是在实践中，它们会作为一个整体，系统的新版本会持续不断地上线。

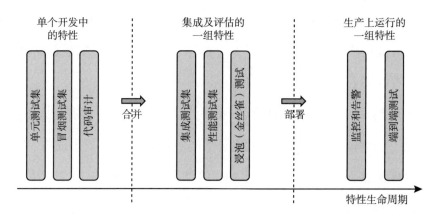

图 4-3 沿特性生命周期时间线的测试序列，由 CI/CD 流水线实现

制定测试策略的挑战之一是决定给定测试是属于用于合并补丁的一组冒烟测试，还是属于在补丁合并到代码库后，但在部署之前运行的集成测试。这并没有硬性的规定，这是一种权衡。我们都希望尽可能早地测试新软件（或者新特性），但进行完整的集成测试需要时间和资源（即运行候选软件的真实平台）。

与这种权衡相关的是测试基础设施需要的虚拟资源（例如，预先配置了很多底层平台的虚拟机）和物理资源（例如，忠实代表最终目标硬件的小型集群）的组合。同样，这并不是一成不变的规则，但早期冒烟测试倾向于使用预先配置的虚拟资源，而后期集成测试倾向于在具有代表性的硬件或干净的 VM 上运行，并使用从头开始构建的软件（包括从头部署操作系统等）。

你还会注意到，在这个简单的分类中没有提到回归测试，但我们的观点是回归测试的设计是为了确保漏洞一旦被识别和修复后，就不会再次引入代码中，这意味着它是新测试的常见来源，可以添加到单元测试、冒烟测试、集成测试、性能测试或金丝雀测试中。在实践中，大多数测试都是回归测试，与它们在 CI/CD 流水线中运行的位置无关。

4.2.2 测试框架

关于测试框架，图 4-4 显示了一个来自 Aether 的示例。具体细节可能会有很大差异，这取决于我们需要测试的功能类型。在 Aether 中，相关组件显示在右侧（但重新排列以突出子系统之间自顶向下的依赖关系），相应的测试自动化工具显示在左侧。我们可以把它们看作特定领域测试类的框架（例如，NG40 将 5G 工作负载发送到 SD-Core 和 SD-RAN 上，而 TestVectors 将数据包注入交换机）。

图 4-4 中显示的一些框架是与相应的软件组件共同开发的。TestVectors 和 TestON 就是这样，它们分别把定制的工作负载放在 Stratum（SwitchOS）和 ONOS（NetworkOS）上。两者都是开源的，因此可以深入了解构建测试框架的挑战。相比之下，NG40 是用于模拟符合 3GPP 标准的蜂窝网络流量的专有框架，由于其复杂性及其遵循 3GPP 标准的价值，因此它是一个封闭的商业产品。

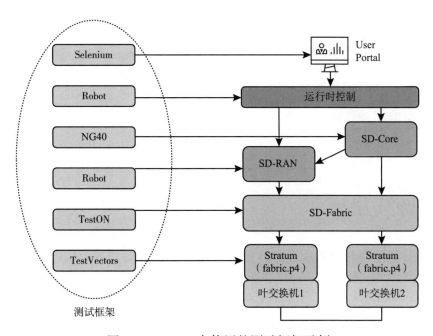

图 4-4　Aether 中使用的测试框架示例

Selenium 和 Robot 是五个例子中最通用的。每个都是开源项目，拥有活跃的开发人员社区。Selenium 是一种用于自动化测试 Web 应用的工具，而 Robot 则是一种更通用的工具，用于向任何定义良好的接口生成请求。从某种意义上来说，Selenium 和 Robot 都是框架，开发人员可以编写扩展、库、驱动和插件来分别测试用户门户和运行时 API 的特定功能。[⊖] 它们都说明了测试框架的目的，即提供一种方法：自动化执行一系列测试，收集、归档测试结果并对测试结果进行评价和分析。

此外，当这些框架被用于测试具有可伸缩性的系统（例如云服务）时，它们是否有必要具有可伸缩性？

最后，如 4.2.1 节所述，每个测试框架都需要一组资源，用于运行测试套件（生成工作负载）和被测试的子系统。对于后者，理想状态是为每个开发团队复制目标集群的完整副本，但在云中按需实例化虚拟环境更具成本效益。幸运的是，由于正在开发的软件是容器化的，而且 Kubernetes 可以在虚拟机中运行，因此可以直接支持虚拟测试环境，这也就意味着可以为不频繁（例如每日）的集成测试预留专用硬件资源。

4.3　持续集成

生命周期管理的持续集成部分是关于将开发人员提交的源代码转换为可部署

⊖　Selenium 实际上作为可以在 Robot 框架中调用的库使用，如果考虑在 Web GUI 上的一组 HTML 定义的元素（如文本框、按钮、下拉菜单等）中调用 HTTP 操作，它就比较有用。

的 Docker 镜像集。正如 4.2 节所讨论的，这主要是对代码运行一组测试，首先测试代码是否准备好集成，然后测试它是否成功集成，集成本身完全根据声明性规范执行。这就是微服务架构的价值主张：每个组件独立开发，打包成镜像，然后由容器管理系统（Kubernetes）根据声明式集成计划（Helm）进行部署和互联。

但以上描述忽略了我们现在讨论的一些重要细节，接下来我们需要填充一些特定的机制。

4.3.1　代码库

代码库（例如 GitHub 和 Gerrit）通常会提供一种临时提交补丁集的方法，触发一组静态检查（例如，通过 linter、许可证和 CLA 检查），并给代码审核人员提供检查和评论代码的机会。这种机制还提供了触发接下来讨论的构建 – 集成 – 测试过程的方法。一旦所有检查完成并令负责受影响模块的工程师感到满意了，补丁集就会被合并。这是大家都了解的软件开发过程的一部分，我们不再进一步讨论。对于我们来说，重要的是在代码库和 CI/CD 流水线的后续阶段之间有一个定义良好的接口。

4.3.2　构建 – 集成 – 测试

CI 流水线的核心是一种执行一组进程的机制，这些进程构建受给定补丁集影响的组件，将生成的可执行镜像（如二进制文件）与其他镜像集成以构建更大的子系统，对这些集成的子系统运行一组测试并发布结果，可选地将新的部署工件（如 Docker 镜像）发布到下游镜像仓库。最后一步只有在补丁集被接受并合并到代码库之后才会发生（这也会触发运行图 4-2 中的构建阶段）。重要的是，为测试而构建和集成镜像的方式与为部署而构建和集成镜像的方式完全相同。两者的设计原则一致，只是端到端 CI/CD 流水线的出口不同。

没有什么话题比不同构建工具的优缺点更能引起开发人员的注意了。在 UNIX 上成长起来的老派 C 程序员更喜欢 Make。谷歌开发了 Bazel，并将其开源。Apache 基金会发布了 Maven，它演变成了 Gradle。我们不喜欢在这场无法获胜的辩论中选择任何一方，而是承认不同的团队可以为各自的项目选择不同的构建工具（我们一直将其统称为子系统），我们将采用简单的二级工具来集成所有复杂的一级工具的输出。我们选择的二级工具是 Jenkins[⊖]，这是一个系统管理员多年来一直使用的作业自动化工具，但最近做了调整和扩展，以实现 CI/CD 流水线的自动化。

从较高层次上来说，Jenkins 只不过是一种执行脚本的机制，称为作业，以响应某个触发器。与书中介绍的其他工具一样，Jenkins 有图形化仪表盘，可以用来创建、执行和查看一组作业的结果，但这主要用于简单的示例。因为 Jenkins 在 CI 流水线中扮演着核心角色，像我们正在构建的所有其他组件一样，所以它也通过一组提交到代码库的声明性规范文件管理。接下来的问题是我们究竟指定了什么？

Jenkins 提供了一种名为 Groovy 的脚本语言，可用于定义由一系列阶段组成的流水线。每个阶段执行一些任务并测试是成功还是失败。原则上我们可以为整个系统定义单个 CI/CD 流水线。它将从"构建"阶段开始，接着是'测试'阶段，如果成功，以"交付"阶段结束。但是这种方法没有考虑到构建云的所有组件之

⊖ 延伸阅读：Jenkins（https://www.jenkins.io/doc/）。

间的松耦合。相反，在实践中 Jenkins 被更狭义地用于：构建和测试单个组件，包括合并到代码库之前和之后的组件；集成和测试各种组件的组合，例如每晚一次；在特定条件下，将刚刚构建的工件（例如 Docker 镜像）推送到镜像仓库。

这是一项艰巨的任务，因此 Jenkins 用来帮助支持构建工作。具体来说，Jenkins 任务构建器（Jenkins Job Builder，JJB）处理声明性 YAML 文件，这些用 Groovy 编写的文件，"参数化"定义了流水线，并生成 Jenkins 随后运行的作业集。除了其他内容外，这些 YAML 文件指定了启动流水线的触发条件，例如检查到代码库中的补丁被提交了。

开发人员如何使用 JJB 是工程细节，但是在 Aether 中，我们采用的方法是让每个主要组件定义三个或者四个不同的基于 Groovy 的流水线，每一个都对应于图 4-2 所示的整个 CI/CD 流水线中的一个顶级阶段。也就是说，一个 Groovy 流水线对应于代码合并前的构建和测试，一个对应于代码合并后的构建和测试，一个对应于集成和测试，还有一个对应于发布工件。每个主要组件还定义了一组 YAML 文件，它们将特定于组件的触发器链接到流水线，以及定义该流水线的相关参数集。YAML 文件（以及触发器）的数量因组件而异，常见例子是当新的 Docker 镜像发布，会触发存储在代码库中的 VERSION 文件的更改（我们将在 4.5 节中看到这样做的原因）。

作为示例，下面是定义了一个测试 Aether API 流水线的 Groovy 脚本，正如我们将在第 5 章中看到的，它是由运行时控制子系统自动生成的。当前我们只对流水线的一般形式感兴趣，因此省略了大部分细节，但是从示例中应该可以清楚地看到每个阶段的作用（记住 Docker 里 Kind 就是 Kubernetes）。示例中完整描述的一个阶段，它调用的就是 4.2.2 节中介绍的 Robot 测试框架，每个调用执行 API 的不同特性（为了提高可读性，示例中没有向收集结果的 Robot 显示输出、日志记录和报告参数）。

```
pipeline {
...
    stages {
        stage("Cleanup"){
            ...
        }
        stage("Install Kind"){
            ...
        }
        stage("Clone Test Repo"){
            ...
        }
        stage("Setup Virtual Environment"){
            ...
        }
        stage("Generate API Test Framework and API Tests"){
            ...
        }
        stage("Run API Tests"){
            steps {
                sh """
                    mkdir -p /tmp/robotlogs
                    cd ${WORKSPACE}/api-tests
                    source ast-venv/bin/activate; set -u;
                    robot ${WORKSPACE}/api-tests/ap_list.robot ||
                    true
                    robot ${WORKSPACE}/api-tests/application.robot
                    || true
                    robot ${WORKSPACE}/api-tests/connectivity_
                    service.robot || true
                    robot ${WORKSPACE}/api-tests/device_group.robot
                    || true
                    robot ${WORKSPACE}/api-tests/enterprise.robot
```

```
                              || true
              robot ${WORKSPACE}/api-tests/ip_domain.robot ||
              true
              robot ${WORKSPACE}/api-tests/site.robot || true
              robot ${WORKSPACE}/api-tests/template.robot ||
              true
              robot ${WORKSPACE}/api-tests/traffic_class.
              robot || true
              robot ${WORKSPACE}/api-tests/upf.robot || true
              robot ${WORKSPACE}/api-tests/vcs.robot || true
        """
      }
    }
  }
...
}
```

需要注意的一点是，这是另一个以特定方式使用通用术语工具的例子，它与我们使用的通用概念不一致。图 4-2 中的每个阶段都由一个或多个 Groovy 定义的流水线实现，每个流水线由一系列 Groovy 定义的阶段组成。正如我们在示例中看到的，这些 Groovy 阶段都执行了相当底层的操作。

这个特定的流水线是图 4-2 所示的构建后 QA 测试阶段的一部分，因此由基于时间的触发器触发调用，下面的 YAML 片段是指定此类触发器的作业模板示例。注意，如果查看 Jenkins 仪表盘中的作业集，就会看到 name 属性的值。

```
- job-template:
    id: aether-api-tests
    name: 'aether-api-{api-version}-tests-{release-version}'
    project-type: pipeline
    pipeline-file: 'aether-api-tests.groovy'
```

```
    ...
    triggers:
        - timed: |
            TZ=America/Los_Angeles
            H {time} * * *
...
```

为了完整展示，下面来自另一个 YAML 文件的代码片段展示了如何指定基于代码库的触发器。此示例执行不同的流水线（未显示），并对应于在开发人员提交候选补丁集时运行的预合并测试。

```
- job-template:
    id: 'aether-patchset'
    name: 'aether-verify-{project}{suffix}'
    project-type: pipeline
    pipeline-script: 'aether-test.groovy'
    ...
    triggers:
      - gerrit:
          server-name: '{gerrit-server-name}'
          dependency-jobs: '{dependency-jobs}'
          trigger-on:
            - patchset-created-event:
                exclude-drafts: true
                exclude-trivial-rebase: false
                exclude-no-code-change: true
            - draft-published-event
            - comment-added-contains-event:
                comment-contains-value: '(?i)^.*recheck$'
...
```

从以上讨论中得出的重要结论是，没有单一或全局的 CI 作业。每个组件都可以有许多作业，在条件得到满足时可以独立发布可部署的工件。这些条件包括：①组件通过了所需的测试；②组件的版本表明是否需要新的工件。我们已经在 4.2 节讨论了测试策略，并将在 4.5 节介绍版本控制策略，这两个问题是实现持续集成的可靠方法的核心，工具（在我们的例子中是 Jenkins）只是达到这个目的的一种手段。

4.4 持续部署

我们现在准备对提交到配置库的配置规范做处理了，其中包括一组指定底层基础设施（我们一直称其为云平台）的 Terraform 模板，以及一组在基础设施上的部署微服务（有时称为应用程序）Helm Chart 集合。我们已经在第 3 章中介绍了 Terraform，它是实际"作用于"基础设施相关表单的代理。在应用程序端，我们使用一个叫作 Fleet 的开源项目。

图 4-5 显示了我们正在努力实现的总体概要。请注意，Fleet 和 Terraform 都依赖每个后端云厂商导出的配置 API，可以粗略地说，Terraform 调用这些 API "管理 Kubernetes"，而 Fleet 调用这些 API "使用 Kubernetes"。让我们依次分开考虑。

图 4-5 中的 Terraform 负责部署（和配置）最新的平台级软件。例如，如果运维人员想要向给定集群添加服务器（或虚拟机）、升级 Kubernetes 版本或更改 Kubernetes 使用的 CNI 插件，所需配置将在 Terraform 配置文件中指定（回想一下 Terraform 计算现有状态和期望状态之间的差异，并执行使前者与后者保持一致所需的调用）。每当向现有集群添加新硬件时，相应的 Terraform 文件将被修改并提交到配置库中，从而触发部署作业。我们不重复介绍平台部署是如何被触发的机制，但它使用了在 4.3.2 节中描述的完全相同的一组 Jenkins 配置，除了

现在是被提交到配置库的 Terraform 表单更改所触发。

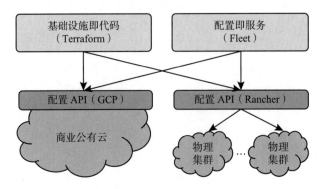

图 4-5　持续部署的主要工具（Terraform 和 Fleet）与后端 Kubernetes 集群之间的关系

　　图 4-5 的 Fleet 端负责安装要在每个集群上运行的微服务集合。这些微服务组织为一个或多个应用，部署方式由 Helm Chart 指定。如果我们试图在一个 Kubernetes 集群上部署一个 Chart，那么用 Helm 就足够了。Fleet 的价值在于它扩展了该流程，帮助我们管理跨多个集群的多个 Chart 的部署（Fleet⊖ 是 Rancher 的独立衍生产品，可以直接与 Helm 一起使用）。

　　Fleet 定义了三个与我们的讨论相关的概念。第一个是软件包（Bundle），它定义了被部署的基本单元。在我们的例子中，一个软件包相当于一个或多个 Helm Chart 的集合。第二个是集群组（Cluster Group），标识了一组 Kubernetes 集群，这些集群将以相同的方式处理。在我们的例子中，标记为生产的所有集群可以被视为一个这样的集合，标记为预生产的所有集群可以被视为另一个这样的集合（这里我们讨论的是在 Terraform 规范中分配给每个集群的环境标签，如 3.2 节示例所示）。第三个是 GitRepo 库，用于监控对软件包工件的变更。在我们的

　　⊖　延伸阅读：Fleet：GitOps at Scale（https://fleet.rancher.io/）。

例子中，新的 Helm Chart 被提交到配置库中（但正如本章开始所指出的，实践中可能有专用的 Helm Repo）。

　　理解 Fleet 就很简单了，它提供了一种定义软件包、集群组和 GitRepo 之间关联的方法，这样每当更新的 Helm Chart 被提交到 GitRepo 时，包含该 Chart 的所有软件包都会（重新）部署到所有关联的集群组上。也就是说，Fleet 可以被视为实现图 4-2 中所示的部署门控的机制，尽管也可以考虑其他因素（例如，不要在周五下午 5 点开始发布）。下一节将介绍一种版本控制策略，该策略可以覆盖上述机制，用以控制何时部署什么特性。

实现细节很重要

　　我们故意不深入研究构成生命周期管理子系统中的单个工具，但是细节通常很重要，我们在 Fleet 方面的经验就是一个很好的例子。细心的读者可能已经注意到，我们可以使用 Jenkins 来触发 Fleet 部署升级一个应用，就像使用 Terraform 一样。不过，由于 Fleet 的软件包和集群组抽象很方便，我们决定使用 Fleet 的内部触发机制。

　　在 Fleet 作为部署机制上线后，开发人员注意到代码库变得非常缓慢。事实上，这是因为 Fleet 轮询指定的 GitRepo 来监控软件包的变更，由于轮询过于频繁，导致代码库过载。修改"轮询频率"参数可以改善这种情况，但也让人们想知道为什么 Jenkins 的触发机制没有引起同样的问题。答案是 Jenkins 与代码库集成得更好（特别是在 Git 上运行的 Gerrit），当文件提交事件发生时，代码库会向 Jenkins 推送事件通知，而不需要轮询机制。

　　我们在关注 Fleet 作为触发 Helm Chart 执行的代理时，不应该忽略 Helm

Chart 本身的核心作用。它们是我们指定服务部署方式的核心。它们确定要部署的互联的微服务集合，正如我们将在下一节中看到的，它们是每个微服务版本的最终仲裁者。后面的章节还将介绍当微服务被部署时，Chart 如何指定一个 Kubernetes 操作符，以某种特定于组件的方式配置新启动的微服务。最后，Helm Chart 可以指定每个微服务允许使用的资源（例如处理器内核），包括最小阈值和上限。当然这一切之所以成为可能，主要是因为 Kubernetes 支持相应的 API 调用，并相应地强制控制资源的使用。

请注意，关于资源分配的最后一点揭示了我们所关注的边缘 / 混合云的基本特征：它们通常是资源受限的，而不是提供看似无限的基于数据中心的弹性云资源。因此，配置和生命周期管理被用于决定我们想要部署什么服务，这些服务需要多少资源，以及如何在规划好的服务集合之间共享可用资源。

4.5 版本控制策略

本章介绍的 CI/CD 工具链只有在与端到端版本策略一起应用时才能发挥作用，确保正确的源模块组合得到集成，正确的镜像组合得到部署。请记住，更大的挑战是如何管理我们的云支持的特性集，也就是说，一切都取决于我们如何对这些特性进行版本控制。

我们的起点是采用被广泛接受的语义版本控制实践，每个组件都被分配一个由三部分组成的版本号 MAJOR.MINOR.PATCH[⊖]（例如，3.2.4），其中 MAJOR

⊖ 延伸阅读：Semantic Versioning 2.0.0（https://semver.org）。

版本在我们做出不兼容的 API 更改时递增，MINOR 版本在我们以向后兼容的方式添加功能时递增，而 PATCH 对应于向后兼容的漏洞修复。

　　下面概述了版本控制和 CI/CD 工具链之间一种可能的相互作用，请记住，有不同的方法来解决这个问题。我们将这个顺序分解为软件生命周期的三个主要阶段。

- **研发阶段**
  - 提交到源代码库的每个补丁都在代码库中的 VERSION 文件中包含一个最新的语义版本号。请注意，每个补丁并不一定等于每个提交，因为对"开发中"的版本（有时标为 3.2.4-dev）进行多次更改是很常见的。这个 VERSION 文件被开发人员用来跟踪当前版本号，但正如我们在 4.3.2 节中看到的，它也可以作为 Jenkins 作业的触发器，用于发布新的 Docker 或 Helm 工件。
  - 与最终补丁相对应的提交也被标记为（在代码库中）对应的语义版本号。在 Git 中，这个标签被绑定到一个明确标识提交的哈希值，使其成为将版本号绑定到某个源代码的特定实例的权威方式。
  - 对于与微服务相对应的代码库，还存储了一个 Dockerfile，它提供了从该（以及其他）软件模块构建 Docker 镜像的方式。

- **集成阶段**
  - CI 工具链对每个组件的版本号进行完整性检查，确保不会退化，当发现微服务的新版本号时，就构建新镜像并将其上传到镜像仓库中。按照惯例，该镜像在分配的唯一名称中包含相应的源代码版本号。

- **部署阶段**
  - CD 工具链在一个或多个 Helm Chart 中通过名称指定并实例化一组

Docker 镜像。由于这些镜像名称包括语义版本号，按照约定，我们就能知道正在部署的相应软件版本。

◦ 每个 Helm Chart 也被提交到代码库中，因此也有自己的版本号。每次 Helm Chart 变更时，由于其组成部分的 Docker 镜像版本发生了变化，因此 Chart 的版本号也会变更。

◦ Helm Chart 可以分层组织，也就是说，一个 Chart 包含一个或多个其他 Chart（每个 Chart 都有自己的版本号），根 Chart 的版本有效标识了整个部署的系统版本。

请注意，可以将根 Helm Chart 的新版本的提交视为触发流水线 CD 部分的信号（如图 4-2 中的"部署门控"所示），即模块（特性）的组合现在已经部署就绪了。当然，也可以考虑其他因素，比如上面提到的时间。

虽然刚才介绍的源代码 → Docker 镜像 → Kubernetes 容器的关系可以在工具链中进行编码，至少在自动健康测试级别上可以捕捉明显的错误，但最终责任仍落在提交源代码的开发人员和提交配置代码的运维人员身上。他们必须正确指定想要的版本。拥有一个简单明了的版本控制策略是完成这项工作的先决条件。

最后，因为版本控制本质上与 API 相关，每当 API 以非向后兼容的方式变更时，MAJOR 的版本号就会增加，因此开发人员有责任确保软件能够正确使用所依赖的任何 API。当涉及持久化状态时，这样做就会出现问题，我们所说的持久化状态指的是必须在访问它的软件的多个版本之间保存的状态。这是所有持续运行的操作系统都必须处理的问题，通常需要数据迁移策略。以通用方式解决应用级状态的问题超出了本书范围，但是解决云管理系统（它有自己的持久化状态）的这个问题是我们在下一章讨论的主题。

4.6　管理密钥

本书到目前为止的讨论忽略了一个重要的细节，那就是如何管理密钥。例如，Terraform 访问 GCP 等远程服务所需的凭证，以及用于保护边缘集群内微服务之间通信的密钥。这些密钥实际上是混合云状态配置的一部分，这意味着它们存储在配置库中，就像所有其他配置即代码工件一样。但是配置库通常不是为了安全而设计的，这是有问题的。

从宏观上来说，解决方案很简单。运行安全系统所需的各种密钥都是加密的，只有加密的版本被提交到配置库中。这将问题减少到只需要担心一个密钥上，但这只是把问题延后了。那么，我们如何管理（保护和分发）解密所需的密钥呢？幸运的是，有一些机制可以帮助解决这个问题。例如，Aether 使用两种不同的方法，每种方法都有自己的优缺点。

其中一种方法是使用 git-crypt⊖ 工具，它与上面介绍的概述非常匹配。在这种方式下，CI/CD 机制的"中央处理循环"（对应于 Aether 中的 Jenkins）是负责解密特定组件的密钥，并在部署时将其传递给各种组件的可信实体。这个"传递"步骤通常是使用 Kubernetes Secrets 机制实现的，它是一个向微服务发送配置状态的加密通道（类似于 ConfigMaps）。这个机制不应该与接下来将讨论的 SealedSecrets⊖ 相混淆，因为它本身并不能解决我们在这里讨论的更大的问题，即如何在运行的集群之外管理密钥。

⊖ 延伸阅读：git-crypt（https://github.com/AGWA/git-crypt/blob/master/README.md）。

⊖ 延伸阅读："SealedSecrets"for Kubernetes（https://github.com/bitnami-labs/sealed-secrets#readme）。

这种方法的优点是具有通用性，因为它几乎不做任何假设，并适用于所有密钥和组件。但它也带来了对 Jenkins 过分信任的担忧，或者更确切地说，对 DevOps 团队在实践中如何使用 Jenkins 的担忧。

第二种方法是 Kubernetes 的 SealedSecrets 机制。它的思想是信任 Kubernetes 集群中运行的进程（从技术上来讲，这个进程被称为控制器）来代表所有其他 Kubernetes 托管的微服务来管理密钥。在运行时，这个进程创建一个私有 / 公共密钥对，并使公共密钥可用于 CI/CD 工具链。私钥仅限于 SealedSecrets 控制器使用，称为封印的密钥。在不详细介绍完整协议的情况下，只需要知道可以将公钥与随机生成的对称密钥结合使用，来加密需要存储在配置库中的所有密钥，然后在部署时，各个微服务请求 SealedSecrets 控制器使用其封印的密钥来帮助它们解密这些密钥。

虽然这种方法不像第一种方法那么通用（也就是说，它是专门用于保护 Kubernetes 集群中的密钥的），但它的优点是使其处理逻辑完全避免了人工操作，封印的密钥是在运行时通过程序生成的。然而一个复杂的问题是，通常更可取的做法是将该密钥写入持久化存储，以防止不得不重启 SealedSecrets 控制器，这可能会造成一个需要保护的攻击面。

4.7　GitOps

本章介绍的 CI/CD 流水线与 GitOps 是一致的，GitOps 是一种围绕配置即代码的思想设计的 DevOps 方法——使代码库成为构建和部署云原生系统的单一变更来源。使用该方法的条件是，首先使所有配置状态都是声明性的（例如，在 Helm Chart 和 Terraform 模板中指定），然后将此配置库作为构建和部署云原生系统的单一变更来源。无论是给 Python 文件打补丁还是更新配置文件，配置库都会触发本章所述的 CI/CD 流水线。

虽然本章介绍的方法是基于 GitOps 模型的，但有三个考虑因素意味着 GitOps 并不是故事（本章）的结尾。所有这一切都取决于这样一个问题：运维云原生系统所需的所有状态是否可以完全使用基于配置库的机制进行管理。

首先需要考虑的是我们需要承认软件开发人员与使用软件构建和运维系统的人员之间的差异。DevOps（最简单的表述）意味着不应该有区别。在实践中，开发人员往往远离运维人员，或者更确切地说，他们远离关于其他人最终将如何使用他们的软件的设计决策。例如，软件在实现时通常会考虑一组特定的用例，但后来它会与其他软件集成，以构建全新的云应用，这些应用拥有自己的一组抽象和特性，相应地，它们有自己的配置状态集合。对于 Aether 来说也是如此，其 SD-Core 子系统最初是为全球蜂窝网络设计的，但现在被重新用于支持企业的私有 4G/5G。

虽然这样的状态确实可以在 Git 仓库中进行管理，但通过拉取请求进行配置管理的想法过于简单化。我们既有低级变量（以实现为中心），也有高级变量（以应用程序为中心）。换句话说，在基本软件上运行一个或多个抽象层是很常见的。在极限情况下，甚至最终用户（例如，Aether 中的企业用户）也可能想要改变状态，这意味着可能需要细粒度的访问控制。这些都不影响 GitOps 作为管理这种状态的一种方式，但它确实增加了这样一种可能性，即并非所有状态都是平等创建的，有一系列配置状态变量需要在不同的时间，被具有不同技能的不同人员访问，最重要的是，访问需要不同的权限级别。

第二个需要考虑的问题与配置状态产生的位置有关。例如，考虑分配给集群中组装的服务器地址，它可能源于某个组织的库存系统。或者在另一个特定于 Aether 的示例中，需要调用远程频谱访问服务（Spectrum Access Service，SAS）来了解如何为已部署的小型蜂窝基站配置无线电设置。大家可能会下意识地认为可以从 Git 仓库中的 YAML 文件中提取这个变量。通常，系统必须处理多个（有时是外部的）配置状态源，必须知道哪个副本是权威的，哪个是派生的，这本身就可能带来问题。没有单一的正确答案，但是这样的情况可能会导致需要维护配置状态的权威副本，而不是对该状态的任何一次性使用。

第三个需要考虑的是这种状态变化的频率，因为可能会触发重新启动甚至是重新部署一组容器。这样做对于"一次设置"的配置参数当然是有意义的，但是对"运行时可设置"的控制变量呢？更新有可能被频繁更改的系统参数的最经济有效的方法是什么呢？这再次提出了一种可能性，即不是所有状态都是平等的，存在连续变化的配置状态。

这三个考虑因素指出了构建时配置状态和运行时控制状态之间存在区别，这是下一章的主题。然而需要强调的是，如何管理这种状态没有唯一的正确答案，在"配置"和"控制"之间划清界限是非常困难的。GitOps 支持的基于代码仓库的机制和下一章介绍的运行时控制方案都有其价值，这也衍生出一个问题：对于任何需要维护以使云正常运行的给定信息，哪一种方式更适合？

第 5 章 *Chapter 5*

运行时控制

运行时控制子系统提供了一个 API，通过该 API，各类主体（如终端用户、企业系统管理员和云运维人员）可以为一个或多个运行时参数指定新值，从而对正在运行的系统进行更改。

以 Aether 的 5G 连接服务为例，假设企业系统管理员想更改一组移动设备的服务质量。Aether 定义了设备组抽象，以便相关设备可以一起配置。接着，管理员便可以修改最大上行带宽（Maximum Uplink Bandwidth）或最大下行带宽（Maximum Downlink Bandwidth），甚至可以为该组选择不同的流量类别（Traffic Class）。类似地，假设运营商想为现有设备的流量类别集添加一个新的关键任务选项。我们先不考虑这些操作 API 调用的确切语法，运行时控制子系统需要：

1）验证要执行操作的主体。

2）确定该主体是否有足够权限来执行该操作。

3）将新参数设置推送到一个或多个后端组件中。

4）记录指定的参数设置，以便新值被持久化。

在这个例子中，设备组和流量类别是被操作的抽象对象，运行时控制子系统必须理解这些对象，同时对它们进行更改可能涉及调用多个子系统的底层控制操作，如 SD-RAN（负责 RAN 中的 QoS）、SD-Fabric（负责交换网络的 QoS）、SD-Core UP（负责移动核心网用户平面的 QoS）和 SD-Core CP（负责移动核心网控制平面的 QoS）。

简而言之，运行时控制子系统在后端组件集合之上定义了一个抽象层，有效地将它们转变成外部可见（和可控）的云服务。有时单个后端组件实现了全部服务，在这种情况下，运行时控制可能只是增加了一个封装（Triple-A）层而已。但是对于一个由分散组件组成的云来说，运行时控制子系统是我们定义 API 的地方，可以在逻辑上将这些组件整合为一套统一且连贯的抽象服务。这也是为底层子系统"提高抽象级别"和隐藏实现细节的机会。

请注意，由于其作用是基于一组后端组件提供的端到端服务，本章介绍的运行时控制机制类似于服务编排器（Service Orchestrator），将电信网络中的一组 VNF 连接在一起。这两个术语都可以使用，但我们选择使用"运行时控制"来强调问题的时间特性，特别是它与生命周期管理的关系。此外，"编排"这一术语在不同场景下有不同的含义。在云计算中，它意味着装配虚拟资源，而在电信环境中，它意味着装配虚拟功能。就像在复杂系统中经常出现的情况一样（尤其是当它们推动了竞争的商业模式时），在堆栈中层次越高，对术语的共识就越少。

无论我们如何称呼这种机制，定义一组抽象以及相应的 API 都是一项具有挑战性的工作。使用合适的工具有助于我们专注于任务的创造性部分，但却不能完全消除它。挑战在于判断哪些内容应该对用户可见，哪些应该隐藏实现细节，还有部分挑战在于如何处理合并或冲突的概念和术语。我们将在 5.3 节看到一个完整的示例，但为了解决这一难题，请考虑 Aether 如何在其 5G 连接服务中指定主体。如果我们直接从电信行业借用术语，那指的是使用移动设备的订阅用户（Subscriber），也就是为了服务该设备而提供的账户和设置集合。事实上，订阅用户是 SD-Core 实现的核心对象。但 Aether 是为支持企业部署 5G 而设计的，为此可以将用户定义为具有某种特定权限级别的 API 或 GUI 门户的主体。该用户和核心网定义的订阅用户之间不一定存在一对一的关系，更重要的是，不是所有设备都有用户，就像物联网设备的情况一样，通常它不与某个人相关联。

5.1　设计概览

在较高层次上来看，运行时控制的目的是提供一个供各方可以用来配置和控制云服务的 API。为此，运行时控制必须：

- 支持跨多个后端子系统的端到端抽象。

- 将控制和配置状态与抽象相关联。

- 支持配置状态的版本控制，可以根据需要回滚更改，并且可以检索以前配置的审计历史记录。

- 在实现这个抽象层时采用高性能、高可用性、可靠性和安全性的最佳实践。

- 支持基于角色的访问控制（Role-Based Access Control，RBAC），以便不同主体对底层抽象对象具有不同的可见性和控制权。

- 具有可扩展性，能够随着时间的推移为现有服务整合新服务和新的抽象。

核心要求是运行时控制子系统能够代表一组抽象对象，也就是说，实现一个数据模型。虽然用于表示数据模型的规范语言有几种可行的选择，但对于运行时控制而言，我们使用 YANG⊖。这有三个原因，首先，YANG 是一种丰富的数据建模语言，支持对存储在模型中的数据进行强验证，并且能够定义对象之间的关系。其次，它与数据的存储方式无关（即不直接与 SQL/RDBMS 或 NoSQL 挂钩），从而为我们提供了广泛的工程选项。最后，YANG 被广泛用于建模这一目的，这意味着有大量强大的基于 YANG 的工具集可以作为我们构建模型的基础。

Web 框架

运行时控制在云运维中所起的作用类似于 Web 框架在运维 Web 服务中所起的作用。如果一开始就假设某些类别的用户将通过 GUI 与系统交互（在我们的例子中就是边缘云），那么我们要么用 PHP 这样的语言编写 GUI（就像早期的 Web 开发者所做的那样），要么利用 Django 或 Ruby on Rails 这样的框架。这些框架提供了一种方法来定义一组用户友好的抽象（模型），通过这种方法在 GUI 中可视化展示这些抽象（视图），以及基于用户输入对多个后端系统进行更改（称为控制器）。模型－视图－控制器（Model-View-Controller，MVC）是一种被广泛理解的设计范式，这并非偶然。

本章介绍的运行时控制子系统采用了类似的 MVC 设计方式，但我们不是用

⊖ 延伸阅读：YANG - A Data Modeling Language for the Network Configuration Protocol. RFC 6020. October 2010。

Python（如 Django）或 Ruby（如 Ruby on Rails）来定义模型，而是用一种声明性语言（YANG）来定义模型，而这种语言又被用来生成可编程 API。该 API 的调用有如下几种方式：① GUI，GUI 本身通常是使用另一个框架（如 AngularJS）构建的；②命令行；③某个闭环控制应用程序。此外还有其他不同之处，例如，适配器（控制器的一种）使用 gNMI 作为控制后端组件的标准接口，持久化状态存储在键值存储中，而不是 SQL 数据库中，但最大的区别是使用声明性语言而不是命令性语言来定义模型。

基于以上背景，图 5-1 显示了 Aether 运行时控制子系统的内部结构，其核心是 x-config[⊖]（一个维护 YANG 模型的微服务）。x-config 使用 Atomix（一个键值存储微服务），使配置状态持久化。因为 x-config 最初被设计用来管理设备的配置状态，所以它使用 gNMI 作为其南向接口来将配置变更下发给设备（或在我们的例子中，软件服务）。必须为任何不支持 gNMI 的服务 / 设备编写适配器，这些适配器在图 5-1 中被显示为运行时控制子系统的一部分，但将每个适配器视为后端组件的一部分，负责使该组件管理就绪，这也同样正确。最后，运行时控制还包括一个工作流引擎，负责在数据模型上执行多个操作步骤。例如，当一个模型的改变触发了另一个模型上的某些操作时，就会发生这种情况。下一节将详细介绍这些组件。

运行时控制 API 是从基于 YANG 的数据模型自动生成的，如图 5-1 所示，支持两个门户以及一组闭环控制应用程序，还支持 CLI（未显示）。这个 API 为

⊖ x-config 是一个通用的、模型无关的工具。在 AMP 中，它管理云服务的 YANG 模型，但 SD-Fabric 也基于它来管理网络交换机的 YANG 模型，SD-RAN 也用它来管理 RAN 网元的 YANG 模型。这意味着 Aether 边缘集群中运行着 x-config 微服务的多个实例。

所有可以在 Aether 中读取或写入的控制信息提供了单一入口，因此，运行时控制子系统还可以转发对控制和管理平台的其他子系统（不仅仅是图 5-1 中所示的子系统）的访问。

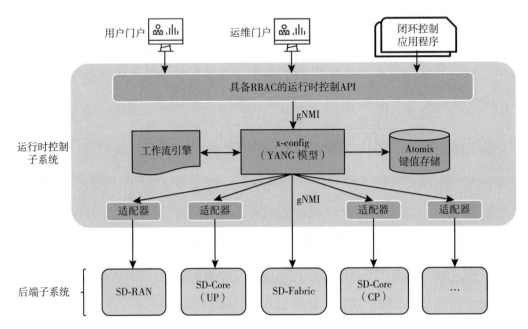

图 5-1　运行时控制子系统的内部结构，以及它与后端子系统（下）和用户门户 / 应用程序（上）的关系

这种情况如图 5-2 所示，其要点是：①我们希望对所有操作进行 RBAC 和审计；②我们希望权威配置状态有单一来源；③我们希望向任意主体授予对管理功能的有限（细粒度）访问权限，而不是假设只有一个特权操作者。当然，底层子系统的私有 API 仍然存在，运维人员可以直接使用。这在诊断问题时特别有用，但基于上述三个原因，有强有力的理由支持使用运行时控制 API 来代理所有控制活动。

这个讨论与 4.7 节相关。我们在本章的最后将再次讨论同样的问题，我们为此做好了准备，因为现在有了让运行时控制子系统在键值存储中维护系统权威配置和控制状态的选项。这又引申出了如何与实现生命周期管理的存储库中的配置状态"共享所有权"的问题。

　　一种选择是根据具体情况来决定：运行时控制维护某些参数的权威状态，配置库维护其他参数的权威状态。我们只需要弄清楚哪个是哪个，这样每个后端组件就知道它需要响应哪个"配置路径"。然后，对于任何我们希望运行时控制子系统作为中介访问（例如，为更广泛的主体提供细粒度访问）的配置库维护状态，我们需要小心后门（直接）对上述配置进行更改的后果，例如，通过只在运行时控制的键值存储中存储该状态的缓存副本（作为一种优化）。

　　图 5-2 中另一个值得注意的方面是，虽然运行时控制调解了所有与控制有关的活动，但它不在所控制的子系统的"数据路径"中。例如，监控和遥测子系统返回的监测数据不经过运行时控制系统，而是直接被传送给运行在 API 之运行上的仪表盘和应用程序。运行时控制仅涉及对这些数据做授权访问。另外，运行时控制子系统和监控子系统有自己独立的数据存储：运行时控制使用 Atomix 键值存储，监控使用时间序列数据库（在第 6 章有更详细的讨论）。

　　总之，统一运行时控制 API 的价值体现在：实现用于"读取"监控子系统所收集数据的闭环控制应用程序（和其他仪表盘）的能力；对该数据进行某种分析，可能会需要做出采取纠正措施的决定；"写入"新的控制指令，x-config 将其传递给 SD-RAN、SD-Core 和 SD-Fabric 中的一个或某几个，有时甚至传递给生命周期管理子系统（我们将在 5.3 节中看到后者的例子）。图 5-3 介绍了这种闭环场景，通过将监控子系统和运行时控制子系统放在同一层级（而不是在其下方）提供了不同视角，尽管两种视角都是有效的。

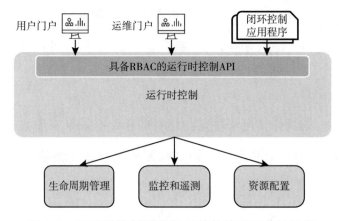

图 5-2 运行时控制还调解对其他管理服务的访问

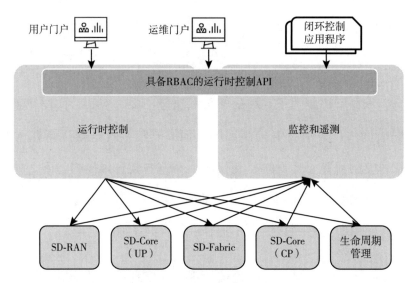

图 5-3 运行时控制的另一个视角，说明了支持闭环控制应用程序的统一 API 的价值

5.2 实现细节

本节介绍运行时控制子系统中的每个组件，重点介绍它们在云管理中所扮演的角色。

5.2.1　模型与状态

x-config 是运行时控制子系统的核心，其主要工作是对配置数据进行存储和版本控制。配置数据通过北向 gNMI 接口推送到 x-config，存储在持久化键值存储中，并使用南向 gNMI 接口推送到后端子系统。

一组基于 YANG 的模型定义了配置状态的模式。这些模型被加载到 x-config 中，共同定义了运行时控制子系统负责的所有配置和控制状态的数据模型。作为示例，Aether 的数据模型（模式）将在 5.3 节中概述，但另一个例子是用于管理网络设备的 OpenConfig[⊖] 模型集。

该机制有四个重要方面：

- **持久化存储**：Atomix 是 x-config 中用于持久化数据的云原生键值存储。Atomix 支持分布式映射抽象，它实现了 Raft 共识算法，以实现容错和可伸缩性能。x-config 使用 NoSQL 数据库常用的简单 GET/PUT 接口向 Atomix 写入数据和从 Atomix 读取数据。
- **加载模型**：模型由模型插件加载。x-config 通过 gRPC API 与模型插件通信，在运行时加载模型。模型插件是预编译的，因此在运行时不需要编译。x-config 和插件之间的接口消除了动态加载兼容性的问题。
- **版本控制和迁移**：所有加载到 x-config 中的模型都有版本控制，更新模型会触发持久化状态从一个版本迁移到另一个版本。迁移机制支持多个版本同时操作。

⊖　延伸阅读：OpenConfig（https://www.openconfig.net/）。

- **同步**：预计 x-config 控制的后端组件将周期性发生故障并重启。由于 x-config 是这些组件的运行时事实来源，因此它负责确保在重启时与最新状态重新同步。由于 x-config 的模型包括反映这些组件的操作状态的变量，因此能够检测重启（并触发同步）。

有两点需要进一步阐述。首先，因为 Atomix 只要在多个物理服务器上运行就会具有容错性，所以可以建立在不可靠的本地（服务器）存储之上。因此没有理由使用高可用的云存储。另外，为谨慎起见，运行时控制子系统维护的所有状态都要定期备份，以防因灾难性故障而需要从头开始重新启动。这些检查点，加上存储在 Git 仓库中的所有配置即代码文件，共同定义了（重新）实例化云部署所需的全部权威状态。

其次，模型定义集与任何其他配置即代码一样。就像 4.5 节所述，它们被提交到代码库中并进行版本控制。此外，指定如何部署运行时控制子系统的 Helm Chart 定义了需要加载的模型版本，类似于 Helm Chart 已经确定要部署的每个微服务（Docker 镜像）版本这种方式。因为运行时控制 API 是由模型集自动生成的，这意味着 Helm Chart 有效指定了运行时控制 API 的版本，我们将在下一小节看到。所有这些都意味着云北向接口的版本控制作为一个聚合的整体，其管理方式与对云的内部实现的每个功能构建块的版本控制完全相同。

5.2.2 运行时控制 API

API 提供了一个位于 x-config 和更高层门户及应用程序之间的接口封装器。它在北向提供了 RESTful API，在南向提供了 gNMI 和 x-config 通信。运行时控制 API 层有三个主要用途：

- 与 gNMI（只支持 GET 和 SET 操作）不同，RESTful API（支持 GET、PUT、POST、PATCH 和 DELETE 操作）是 GUI 开发需要的。

- API 层可用于实现前置的参数验证和安全检查，使得我们能够在离用户更近的地方捕捉错误，并生成更有意义的错误消息（相较 gNMI 层而言）。

- API 层定义了一个"门控"，可用于审计谁在什么时候执行了什么操作的历史记录（利用下面介绍的身份管理机制）。

从加载到 x-config 中的模型集自动生成 REST API 是可行的，尽管为了方便起见，也可以通过额外的"手工编写"的调用来扩充这个集合（注意这可能意味着 API 不再是 RESTful 状态）。将模型规范作为单一事实来源，并从规范中导出其他工件（如 API）的想法很吸引人，这样做能够提高开发者的工作效率，并减少各层之间的不一致。例如，如果开发者希望在某个模型中添加一个字段，若没有自动生成功能，下面的内容必须全部更新：

- 模型。
- API 规范。
- 通过对模型进行操作来服务 API 的存根。
- 客户端库或开发人员工具包。
- 可视化模型的 GUI 视图。

Aether 的解决方案是使用名为 oapi-codegen 的工具将 YANG 声明转换为 OpenAPI 3.0[○] 规范，然后使用名为 oapi-codegen 的工具自动生成实现 API 的存根。

○ 延伸阅读：OpenAPI 3.0（https://swagger.io/specification/）。

自动生成 API 并非没有缺陷。模型和 API 迅速发展成 1:1 的对应关系，这意味着建模中的任何更改都会立即在 API 中可见。因此，如果要保持向后兼容性，就必须小心处理模型的更改。因为单个 API 无法轻松满足两组模型的需求，所以迁移也更加困难。

另一种方法是引入第二个面向外部的 API，并在自动生成的内部 API 和外部 API 之间建立一个小转换层。转换层将起到减震器的作用，减轻内部 API 可能发生的频繁变更。当然，需要假设面向外部的 API 是相对稳定的，如果模型更改的首要原因是服务定义还不成熟，那么这就是有问题的。如果模型由于控制的后端系统的改变而改变，那么通常情况下模型可以被区分为"低级"或"高级"，只有后者通过 API 直接对客户可见。在语义版本控制术语中，对低级模型的更改可以有效地成为向后兼容的补丁。

5.2.3 身份管理

运行时控制利用外部身份数据库（LDAP 服务器）来存储用户数据，例如能够登录的用户的账户名和密码。此 LDAP 服务器还具有将用户与组关联的功能。例如，把管理员添加到 AetherAdmin 组将是在运行时控制子系统中授予这些个人管理权限的一种明显的方法。

外部身份认证服务 Keycloak[⊖] 用作 LDAP 等数据库的前端，对用户进行身份验证，处理接受密码、验证密码以及安全返回用户所属组的机制。

   ⊖ 延伸阅读：Keycloak（https://www.keycloak.org/）。

然后，组标识符用于授予对运行时控制子系统内资源的访问权限，这就指向了一个相关的问题，即确定哪些类型的用户被允许创建 / 读 / 写 / 删除各种对象集合。与身份管理一样，定义此类 RBAC 策略很容易理解，并得到开源工具的支持。在 Aether 的情况下，开放策略代理（Open Policy Agent，OPA⊖）担任此角色。

5.2.4　适配器

并非运行时控制下的每个服务或子系统都支持 gNMI，在不支持 gNMI 的情况下，我们需要编写适配器来在 gNMI 和服务的原生 API 之间进行转换。以 Aether 为例，一个 gNMI → REST 适配器在运行时控制的南向 gNMI 调用和 SD-Core 子系统的 RESTful 北向接口之间进行转换。适配器不一定只是一个语法翻译器，还可能包括自己的语义层。这使得存储在 x-config 中的模型与南向设备 / 服务使用的接口之间的逻辑解耦，允许南向设备 / 服务和运行时控制子系统独立发展，还允许南向设备 / 服务的替换不影响北向接口。

适配器不一定只支持单一服务。适配器采取的是一种跨越多个服务的抽象并将其应用于每个服务的方法。Aether 中的一个例子是用户平面功能（User Plane Function，UPF，SD-Core UP 中的主要数据包转发模块）和 SD-Core，它们共同负责实现服务质量，其中适配器将一套单一的模型应用于这两个服务。需要注意处理部分失败的情况，即一个服务接受变化，但另一个不接受。在这种情况下，适配器会继续尝试调用失败的后端服务，直到成功。

⊖　延伸阅读：Policy-based control for cloud native environments（https://www.openpolicyagent.org/）。

5.2.5 工作流引擎

图 5-1 中 x-config 左边的工作流引擎用于实现多步骤工作流。例如，定义新的 5G 连接或将设备与现有连接关联是一个多步骤的过程，需要使用多个模型并影响多个后端子系统。根据我们的经验，甚至可能需要使用复杂的状态机来实现这些步骤。

有一些众所周知的开源工作流引擎（例如，Airflow），但据我们的经验，它们与 Aether 等系统的典型工作流类型不匹配。因此，当前采用了特别的实现，使用命令式代码监控一个目标模型集，并在其发生更改时采取适当的操作。为工作流定义更严格的方法是一个持续演进的主题。

5.2.6 安全通信

gNMI 自然适用于使用双向 TLS 进行身份验证，这是使用 gNMI 的组件之间进行安全通信的推荐方式。例如，x-config 与其适配器之间的通信使用 gNMI，因此使用双向 TLS。在组件之间分发证书是运行时控制范围之外的问题，我们假定另一个工具将负责分发、撤销和更新证书。

对于使用 REST 的组件，我们使用 HTTPS 来保护连接，并且可以使用 HTTPS 协议（基本身份验证、令牌等）中的机制进行身份验证。当使用这些 REST API 时，Oauth2 和 OpenID 连接被用作授权提供者。

5.3 连接服务建模

本节概述了 Aether 连接服务的数据模型，以此来说明运行时控制子系统所扮演的角色。这些模型是在 YANG 中指定的（我们为其中一个模型提供了具体示例），但由于运行时控制子系统的 API 是由这些规范生成的，它同样有效地考虑了支持 REST API 对一组 Web 资源（对象）的 GET、POST、PUT、PATCH 和 DELETE 操作。

- GET：获取对象。
- POST：创建对象。
- PUT、PATCH：更改对象。
- DELETE：删除对象。

每个对象都是 YANG 定义的某个模型的实例，每个对象都包含一个用于标识该对象的 id 字段。这些标识符是特定于模型的，例如，站点有 site-id，企业有 enterprise-id。模型通常是嵌套的，例如，站点是企业的成员。对象还可以包含对其他对象的引用，这样的引用是基于对象的唯一 id 实现的。在数据库设置中，这通常称为外键。

除了 id 字段之外，还有几个字段对于所有模型也是通用的，包括：

- description：人类可读的描述，用于存储关于对象的附加上下文。
- display-name：用于在 GUI 中显示人类可读的名称。

由于这些字段对所有模型都是通用的，因此我们将从接下来的模型介绍中省略它们。在下面的例子中，我们用首字母大写的形式来表示模型（例如，Enterprise），用首字母小写的形式表示模型中的字段（例如，enterprise）。

5.3.1 企业

Aether 部署在企业中，因此定义了一组具有代表性的组织级别的抽象。其中包括 Enterprise，它形成了特定于客户层次结构的根。Enterprise 模型是许多其他对象的父对象，并允许将这些对象限定在特定的 Enterprise 范围内，以实现所有权和基于角色的访问控制目的。Enterprise 模型包含以下字段：

- connectivity-service：为该企业实现连接的后端子系统列表，对应 SD-Core、SD-Fabric 和 SD-RAN 的 API 端点。

Enterprise 进一步可以分为 Site。站点是 Enterprise 的接入点，可以是物理层面的，也可以是逻辑层面的（例如，单个地理位置可以包含多个逻辑站点）。Site 模型包含以下字段：

- imsi-definition：描述如何为此站点构建 IMSI，包含以下子字段。
  - mcc：移动国家代码。
  - mnc：移动网络代码。
  - enterprise：企业数字表示的 id。
  - format：允许将上述 3 个字段嵌入 IMSI 中的掩码。例如，CCCNNNEEESSSSSS 将使用 3 位 MCC、3 位 MNC、3 位 ENT 和 6 位

subscriber（订阅用户）构建 IMSI。

- small-cell：5G 无线基站、接入点、无线电的列表，每个 small-cell 包含以下内容。
  - small-cell-id：small-cell 的标识符，与其他 id 字段的用途相同。
  - address：small-cell 的主机名。
  - tac：类型分配代码。
  - enable：如果设置为 true，则启用 small-cell，否则为禁用。

imsi-definition 是特定于移动蜂窝网络的，对应于刻录在每一张 SIM 卡中的唯一标识符。

5.3.2　切片

Aether 将 5G 连接建模为一个切片（Slice），用于表示一个隔离的通信通道（和相关的 QoS 参数），该通道将一组设备（建模为 Device-Group）与一组应用程序相连接（每个应用程序建模为一个 Application）。每个 slice 都嵌套在某个 site 中（该 site 又嵌套在某个 enterprise 中），例如，企业可能配置一个切片承载 IoT 流量，配置另一个切片承载视频流量。Slice 模型包含以下字段。

- device-group：可加入此 Slice 的 Device-Group 对象列表。列表中的每个条目都包含对 Device-Group 的引用以及一个 enable 字段，该字段可用于临时删除对组的访问。
- app-list：此 Slice 允许或拒绝的 Application 对象列表。列表中

的每个条目都包含对 Application 的引用以及一个 allow 字段，该字段可设置为 true 或者 false，以允许或拒绝应用程序接入。

- template：对用来初始化此 Slice 的 Template 的引用。

- upf：引用用于处理该 Slice 数据包的用户平面功能，允许多个 Slice 共享一个 UPF。

- sst: sd：3GPP 定义的切片标识符，由运维团队分配。

- mbr.uplink、mbr.downlink、mbr.uplink-burst-size、mbr.downlink-burst-size：该切片所有设备的最大比特率和峰值大小。

使用选定的模板初始化与速率相关的参数，如下所述。另请注意，这个例子说明了如何使用建模来强制定义不变量，在这种情况下，UPF 和 Device-Group 的 Site 必须匹配 Slice 的 Site。也就是说，连接到切片的物理设备和实现切片的核心段的 UPF 必须被限制在一个物理位置内。

切片的一端是 Device-Group，它标识了一组允许使用切片连接到各种应用程序的设备。Device-Group 模型包含以下字段：

- devices：设备列表，每个设备都有一个 enable 字段，可以用来启用或禁用设备。

- ip-domain：引用 IP-Domain 对象，用于描述该组内终端的 IP 和 DNS 设置。

- mbr.uplink、mbr.downlink：设备组的每个设备上传 / 下载的最大比特率。

- traffic-class：该组中设备使用的流量类。

切片的另一端是 Application 对象列表，它指定了程序设备通信的端点。Application 模型包含以下字段：

- address：终端的 DNS 名称或 IP 地址。
- endpoint：终端列表，每个都包含以下字段。
  - name：终端名称，用作关键字。
  - port-start：起始端口号。
  - port-end：结束端口号。
  - protocol：终端的协议（TCP|UDP）。
  - mbr.uplink、mbr.downlink：应用程序终端的每个设备上传 / 下载的最大比特率。
  - traffic-class：与此应用程序通信的设备的流量类。

熟悉 3GPP 的人都知道 Aether 的 Slice 抽象类似于规范中的网络切片概念。Slice 模型定义包括 3GPP 指定的标识符（例如，sst 和 sd）的组合以及底层实现的细节（例如，upf 表示核心网用户平面功能的实现）。虽然还不是生产系统的一部分，但有一个版本的 Slice 也包括了与 RAN 切片相关的字段，运行时控制子系统负责将 RAN、Core 和 Fabric 之间的端到端连接拼接在一起。

平台服务 API

我们使用连接即服务作为运行时控制子系统扮演角色的一个示例，但也可以使用相同的机制为其他平台服务定义 API。例如，由于 Aether 中的 SD-Fabric 是用可编程交换硬件实现的，因此转发平面配备了带内网络遥测（INT）。因此北向 API 可以在运行时对每个数据流进行细粒度指标数据收集，这使得在 Aether 之上编写闭环控制应用程序成为可能。

本着类似的精神，本节中给出的与 QoS 相关的控制示例可以通过附加对象进行扩展，这些对象提供了对 SD-RAN 实现的各种无线电相关参数的可见性和控制机会。这样做将是迈向平台 API 的一步，该 API 可以支持一类新的行业自动化边缘云应用程序。

一般来说，IaaS 和 PaaS 产品需要支持面向应用程序和用户的 API，这些 API 相较于底层软件组件（即微服务）所使用的 DevOps 级配置文件有更多功能。创建这些接口是定义有意义的抽象层的练习，如果使用声明性工具，就变成了定义高级数据模型的练习。运行时控制是负责为此类抽象层定义和实现 API 的管理子系统。

5.3.3 模板和流量类

与每个切片相关联的是一个与 QoS 相关的配置文件，该配置文件控制如何处理该切片承载的流量。从 Template 模型开始，它定义了有效的（可接受的）连接设置。Aether 运维团队负责定义这些（它们提供的特性必须得到后端子系统的支持），企业可以选择想要应用于它们创建的任何连接服务实例的模板（例如通过下拉菜单）。也就是说，模板被用于初始化 Slice 对象。Template 模型包含以下字段：

- Sst、sd：切片标识符，由 3GPP 指定。
- mbr.uplink、mbr.downlink：最大上行 / 下行带宽。

- mbr.uplink-burst-size、mbr.downlink-burst-size：最大上行 / 下行峰值。
- traffic-class：链接到描述流量类型的流量类对象。

注意，Device-Group 和 Application 模型也包含类似字段。这里的想法是为整个切片创建一个默认的 QoS 参数（基于所选 template），然后我们可以逐个为连接到该切片的各个设备和应用程序分配它们自己的限制性更强的 QoS 参数。

如 5.3.2 节所述，Aether 将抽象 Slice 对象从端到端切片的后端段的实现细节中分离出来。这样解耦的一个原因是它支持选择一个全新的 SD-Core 副本，而不是与另一个切片共享同一个用户。这样做是为了确保隔离，并说明运行时控制子系统和生命周期管理子系统之间可能存在的接触点：运行时控制子系统通过适配器与生命周期管理子系统协作，以启动实现隔离切片所需的 Kubernetes 容器集。

Traffic-Class 模型指定了流量的类别，包括以下字段：

- arp：分配和保留优先级。
- qci：QoS 类标识符。
- pelr：丢包率。
- pdb：包时延预算。

为完整起见，下面显示了 Template 模型对应的 YANG 文件。为简单起见，示例中省略了一些介绍性的样板文件。该示例突出了模型声明的嵌套性质，包括 container 字段和 leaf 字段。

```
module onf-template {
  ...
  description
    "The aether vcs-template holds common parameters used
    by a virtual connectivity service. Templates are used to
    populate a VCS.";
  typedef template-id {
        type yg:yang-identifier {
            length 1..32;
        }
  }
  container template {
    description "The top level container";
    list template {
      key "id";
      description
        "List of vcs templates";
      leaf id {
        type template-id;
        description "ID for this vcs template.";
      }
      leaf display-name {
        type string {
            length 1..80;
        }
        description "display name to use in GUI or CLI";
      }
      leaf sst {
        type at:sst;
        description "Slice/Service type";
      }
      leaf sd {
        type at:sd;
        description "Slice differentiator";
      }
      container device {
        description "Per-device QOS Settings";
        container mbr {
          description "Maximum bitrate";
```

```
      leaf uplink {
        type at:bitrate;
        units bps;
        description "Per-device uplink data rate in mbps";
      }
      leaf downlink {
        type at:bitrate;
        units bps;
        description "Per-device downlink data rate in mbps";
      }
    }
  }
  container slice {
    description "Per-Slice QOS Settings";
    container mbr {
      description "Maximum bitrate";
      leaf uplink {
        type at:bitrate;
        units bps;
        description "Per-Slice mbr uplink data rate in mbps";
      }
      leaf downlink {
        type at:bitrate;
        units bps;
        description "Per-Slice mbr downlink data rate in mbps";
      }
    }
  }
  leaf traffic-class {
    type leafref {
      path "/tc:traffic-class/tc:traffic-class/tc:id";
    }
      description
        "Link to traffic class";
  }
  leaf description {
    type at:description;
    description "description of this vcs template";
  }
```

```
    }
  }
}
```

5.3.4 其他模型

上述内容介绍参考了其他模型，在此不做全面的描述。这些模型包括用于指定 IP 和 DNS 设置的 `IP-Domain`，以及用于指定代表特定连接服务实例转发数据包的 UPF（SD-Core 的数据平面元素）。UPF 模型是必要的，因为一个 Aether 集群可以运行多个 UPF 实例。UPF 有两种不同的实现方式，一种是作为服务器上的微服务运行，另一种是作为加载到交换网络中的 P4 程序运行，而且在任何时候都可以实例化出多个基于微服务的 UPF，每个都隔离不同的流量 [⊖]。

5.4 重温 GitOps

正如我们在第 4 章末尾所做的那样，重温如何区分配置状态和控制状态的问题是有意义的，生命周期管理（和它的配置库）负责前者，而运行时控制（和它的键值存储）负责后者。现在我们已经更详细地了解了运行时控制子系统，很明显一个关键因素是访问和更改该状态是否需要通过编程接口（并与访问控制机制相结合）。

云运营商和 DevOps 团队完全有能力将配置变化提交到配置库中，这可能会

⊖ 延伸阅读：L. Peterson, et al. Software-Defined Networks : A Systems Approach. November. 2021。

使人们倾向于将所有在配置文件中指定的状态视为生命周期管理的配置状态。增强的配置机制（如 Kubernetes Operator）的可用性使这种倾向性更大。但是任何可能被运维人员以外的人（包括企业管理员和运行时控制应用程序）触及的状态，都需要通过定义明确的 API 进行访问。让企业能够设置 QoS 参数就是一个例子。从一组模型中自动生成 API 是实现这种控制接口的一种有吸引力的方法，不考虑其他原因的话，它会强制将接口定义与底层实现解耦（用适配器来弥补差距）。

用户体验方的考量

运行时控制涉及云运维的一个重要但经常被低估的方面：用户体验（User Experience，UX）。如果我们唯一关心的用户是云及其服务的开发及运维人员，则可以假设他们愿意编辑少量 YAML 文件来执行更改请求，那么也许用户体验话题可以就此打住。但是，如果希望最终用户可以使用我们正在构建的系统，那么还需要通过一组用户可以访问的仪表盘和按钮来"连接"到已经实现的底层变量。

用户体验设计是一门成熟的学科。它在一定程度上是关于设计具有直观工作流程的 GUI，但 GUI 依赖于可编程接口。定义这个接口是我们在本书中关注的管理和控制平台与我们想要支持的用户之间的接触点。这在很大程度上是一个定义抽象的练习，这使我们回到了想要表达的核心观点：底层实现的现实和目标用户的心理模型塑造了这些抽象。正如任何读过用户手册的人所理解的那样，只考虑其中一个而不考虑另一个，将是一场灾难。

在后一点上，我们很容易想象一种运行时控制操作的实现方法，它涉及将配置变更提交到配置库中并触发重新部署。将这样的方法看作优雅的或是笨拙的只是个人喜好问题，但如何做出此类工程决策很大程度上取决于后端组件的实现方式。例如，如果配置变更需要重新启动容器，那么可能几乎没有选择。但在理想情况下，微服务实现了定义良好的管理接口，它们可以被初始化时的操作者（启动时的初始化组件）或控制时的适配器（在运行时变更组件）调用。

对于与资源相关的操作，例如启动额外的容器以响应用户创建切片或激活边缘服务的请求，类似的实施策略是可行的。Kubernetes API 可以被 Helm（在启动时初始化微服务）或从运行时控制适配器（在运行时添加资源）调用。剩下的挑战是决定哪个子系统维护该状态的权威副本，并确保该决定作为系统不变量 ⊖ 而被强制执行。这样的决策通常是根据情况而定的，但我们的经验是，使用运行时控制作为唯一事实来源是一种合理的方法。

当然，凡事都有两面性。提供配置参数的运行时控制也很有诱惑力，归根结底，只有云运维人员需要能够更改这些参数。配置 RBAC（例如，添加组并定义允许给定组访问哪些对象）是一个示例。除非有令人信服的理由向最终用户开放这样的配置决策，否则在生命周期管理的范围内，在配置库中维护 RBAC 相关配置状态（即 OPA 规范文件）是完全有意义的。

这些示例说明了运行时控制接口的核心价值主张，即扩展操作。我们期望最终用户和闭环控制应用程序能够直接控制系统，而不需要运维团队充当中介。

⊖ 还可以维护状态的两个权威副本，并实现一种保持它们同步的机制。这种策略的困难在于如何避免绕过该同步机制的后门访问。

第 6 章 *Chapter 6*

监控和遥测

收集在线运行系统的遥测数据是管理平台的一项基本功能。基于遥测数据，运维人员可以监控系统运行状态，评估性能，做出相应的配置变更，响应故障，识别攻击和诊断问题。本章重点介绍三种类型的遥测数据：指标、日志和跟踪数据，以及用于帮助收集、存储和处理 / 查询等的示例开源软件技术堆栈。

指标是用于度量一个系统的定量数据。指标数据包括常见的性能指标，如链路带宽、CPU 利用率和内存使用率，还有对应于系统"up"和"down"的二进制结果，以及其他可以被数字化编码的状态。这些指标数据是通过定时（例如，每隔几秒）地读取计数器或者执行某个有返回结果的命令来生成和收集的。这些指标可以与物理资源（例如服务器和交换机）、虚拟资源（例如虚拟机和容器）或高阶抽象（例如 5.3 节中描述的连接服务）相关联。鉴于这些可能的数据来源，指标监控软件技术堆栈的工作是收集、归档、可视化和（可选地）分析这些数据。

日志是每当发生重要事件时程序产生的定性数据，这些信息可用于识别有问题的操作条件（例如它可能会触发告警），但更常见的是，在程序检测到问题发生后，日志用于记录故障排查信息。各种系统组件，从低阶的操作系统内核到高阶的云服务，将遵循明确定义的格式的消息写入日志。这些消息通常都包括一个时间戳，从而使得日志记录软件堆栈可以解析和关联来自不同组件的消息。

跟踪（数据）是由用户发起的事务或者作业产生的因果关系的记录（例如，服务 A 调用了服务 B）。跟踪（数据）与日志数据有关联，提供了有关不同事件发生的上下文更加详细的信息。跟踪（数据）在单个程序中比较容易理解，其中执行跟踪通常记录为内存中的调用堆栈信息，但跟踪本质上是分布式的，在微服务场景中使用图的方式记录了微服务之间的调用关系。在分布式环境中生成跟踪数据具有相当大的挑战性，但跟踪数据也非常重要，因为在大数据的情况下，这是了解时间相关调用关系（例如特定资源过载的原因）的唯一方法，也是了解多个独立工作流程是如何交互的唯一方法。

从这三种类型的遥测数据往后退一步看监控和遥测，有助于让我们进一步理解它的设计空间，为此，我们做了四个观察。

首先，遥测数据有两个通用的用例，我们将其概括为"监控"和"故障排除"。我们以最一般的方式使用这些术语来表示：①主动观察稳定运行系统中的故障告警信号（攻击、错误、故障、过载条件）；②被动响应，一旦收到潜在问题告警后，仔细排查以确定根本原因并解决问题（修复错误、优化性能、提供更多资源、抵御攻击）。区分这两种术语很重要，因为前者（监控）需要保证最小的开销以及最少的人工参与，而后者（故障排除）需要处理的问题可能更具侵入性或成本更高，通常涉及某种程度的专业知识。这并不是一种完美的区分，大量运维活动发生在中间灰色区域，但了解可用工具的成本和收益比是一个重要的起点。

其次，监控和故障排除自动化程度越高越好。首先是自动检测潜在问题的告警，通常包含仪表盘，使人们很容易识别模式，并从所有三种数据类型中选取相关细节；越来越多地利用机器学习和统计分析来识别对人类操作员来说不明显的、更深层次的联系，并最终支持闭环控制，其中自动化工具不仅可以检测问题，而且能够发出纠正问题的控制指令。出于本章的目的，我们给出了告警和仪表盘的示例，而分析和闭环控制则超出了本书范围（但可能作为使用遥测数据运行的应用程序，将在后续内容中概述）。

再次，从生命周期管理的角度来看，监控和故障排查只是测试的延续，区别是前者针对生产环境，后者针对测试环境。事实上，同一套工具可以用在开发与生产环境的任何一方。例如，任何一个对程序进行过剖析的人都会认识到，在开发过程中，跟踪是一个非常有价值的工具，既可以追踪错误，又可以调优性能。同样，人工端到端测试可以通过触发早期告警为生产系统提供价值。这在处理有问题的故障模式时特别有用。

最后，由于各个子系统收集的指标、日志和跟踪（数据）都有时间戳，因此可以在这三种数据之间建立关联，这在调试问题或决定是否需要发出告警时很有帮助。在本章的最后两节，我们将举例说明当今如何在实践中实现此类基于遥测的功能，并讨论生成和使用遥测数据的未来方式。

6.1　指标和告警

我们从指标开始讨论，目前流行的开源监控堆栈使用 Prometheus 来收集和存储平台即服务的指标，使用 Grafana[一] 来可视化随时间变化的指标，并使用 Alertmanager[二] 来通知运维团队需要注意的事件。在 Aether 中，Prometheus[三] 和 Alertmanager 在每个边缘集群上进行实例化，Grafana 的单个实例在云中集中运行。网上可以找到相关工具的更多信息，所以我们只关注单个 Aether 组件如何适配这一堆栈，以及如何以特定服务的方式自定义监控堆栈。

6.1.1　导出指标

各个组件可以通过实现 Prometheus 导出器来对外暴露组件的指标。我们可以通过 HTTP 查询组件的 Exporter，使用简单的文本格式返回相应的指标值。Prometheus 会定期抓取（访问）导出器的 HTTP 端点，并将指标存储在其时间序列数据库（Time Series Database，TSDB）中，以便进行查询和分析。许多客户端库都可以用于检测代码，以生成 Prometheus 格式的指标。如果组件指标以其他格式提供，那么通常可以使用工具将其转换为 Prometheus 格式并导出。

YAML 配置文件指定了 Prometheus 提取指标的一组导出器端点，以及每个端点的轮询频率。另外，基于 Kubernetes 的微服务可以通过服务监视器

⊖　延伸阅读：Grafana（https://grafana.com/docs/grafana/latest/getting-started/）。

⊜　延伸阅读：Alertmanager（https://prometheus.io/docs/alerting/latest/alertmanager/）。

⊜　延伸阅读：Prometheus（https://prometheus.io/docs/introduction/overview/）。

（Service Monitor）这一自定义资源进行扩展，Prometheus 然后查询该资源描述符以了解微服务提供的导出器端点信息。

作为后者的一个示例，Aether 在每个边缘集群上运行一个服务监视器，它会定期测试端到端的连接性（基于端到端的各种定义）。其中一项测试确定 5G 控制平面是否正常工作（即边缘站点可以访问运行在中心云中的 SD-Core）。第二项测试确定 5G 用户平面是否正常工作（即用户终端设备可以访问互联网）。这是一种常见的模式：单个组件可以导出累加值和其他本地变量，但只有"第三方观察者"才能主动测试组件的对外功能，并报告结果。这些示例对应于图 4-3 中最右边的"端到端测试"。

最后，当系统跨多个边缘站点运行时，就像 Aether 一样，有一个设计问题，即监控数据是存储在边缘站点上，并仅在需要时才延迟拉取到中心位置，还是在产生后立即主动推送到中心位置。Aether 同时采用了这两种方法，具体取决于所收集数据的数量和紧迫性。默认情况下，由 Prometheus 本地实例收集的指标留在边缘站点，只有查询结果会返回中心位置（例如，由 Grafana 显示，如 6.1.2 节所述），适用于数据量大但很少查看的指标。上面提到的端到端测试是个例外，结果将被立即推送到中心位置（绕过本地 Prometheus），因为它们的数据量不大，而且需要被立即关注。

6.1.2 创建仪表盘

运行在本地集群的 Prometheus 收集的指标可以用 Grafana 仪表盘来可视化展现。在 Aether 中，这意味着在中心云中作为 AMP 的一部分运行的 Grafana 实例向所有 Aether 边缘集群上运行的 Prometheus 实例发送查询请求。例如，图 6-1 显示了一组 Aether 边缘站点摘要的仪表盘。

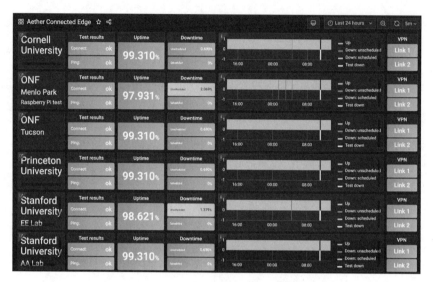

图 6-1　显示 Aether 边缘部署状态的中心仪表盘

Grafana 为最常见的指标集提供了一套预定义的仪表盘，特别是与物理服务器和虚拟资源（如容器）相关的指标，但也可以定制为包括服务级指标和其他特定部署信息的仪表盘（例如，Aether 中的每个企业）。例如，图 6-2 显示了 UPF（User Plane Function，用户平面功能）的自定义仪表盘，UPF 是 SD-Core 的数据平面数据包转发器。该示例显示了站点过去一小时的延迟和抖动指标，底部还有三个折叠的面板（PFCP 会话和消息）。

简而言之，仪表盘由一组面板构建而成，其中每个面板都有一个定义良好的类型（例如，图、表、仪表、热力图），绑定了某个特定的 Prometheus 查询。使用 Grafana GUI 创建新的仪表盘，然后将生成的配置保存在 JSON 文件中。然后，这个配置文件被提交到配置库中保存，然后作为生命周期管理的一部分，在重新启动时加载到 Grafana。例如下面的代码片段显示了与图 6-1 中的运行时间面板相对应的 Prometheus 查询。

```
"expr": "avg(avg_over_time(ace_e2e{endpoint=\"metrics80\",name=\"$e
dge\"}[$__interval]) * 100)"
```

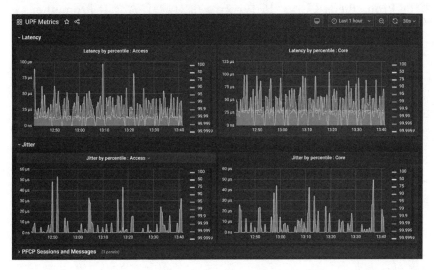

图 6-2　展示用户平面功能（SD-Core 组件的数据包转发数据平面）延迟和抖动指标的自定义仪表盘

注意，这个表达式包括站点（`$edge`）和计算运行时间的时间间隔（`$__interval`）变量。

6.1.3　定义告警

当组件指标超过某个阈值时，在 Prometheus 中可以触发告警，通过 Alertmanager 可以将电子邮件或 Slack 频道将告警发送到一个或多个收件人。

通过定义告警规则可以针对特定组件定义告警触发条件及响应，该规则调用 Prometheus 查询表达式，每当指定时间段内计算结果为 true 时，就会触发一条相应的消息，并将其路由到一组接收者。这些规则记录在 YAML 文件中，该文件被提交到配置库中并被加载到 Prometheus（或者单个组件的 Helm Chart 可以通过 Prometheus 规则自定义资源来定义规则）。例如，下面的代码片段显示了两个告警的 Prometheus 规则，其中 expr 行对应于提交给 Prometheus 的相应查询语句。

```
- alert: SingleEdgeTestNotReporting
  annotations:
    message: |
      Cluster {{ '{{ .Labels.name }}' }} has not reported for at
      least 5 minutes.
  expr:(time()-aetheredge_last_update{endpoint="metrics80"}) > 300
  for: 1m
  labels:
    severity: critical
- alert: SingleEdgeConnectTestFailing
  annotations:
    message: |
      Cluster {{ '{{ .Labels.name }}' }} reporting UE connect
      failure for at least 10 minutes.
  expr: aetheredge_connect_test_ok{endpoint="metrics80"}<1
  for: 10m
  labels:
    severity: critical
```

在 Aether 中，Alertmanager 被配置为向一组公共接收者发送具有严重或警告级别的告警。如果需要将特定告警路由到不同的接收端（例如，开发人员用于该特定组件的 Slack 通道），则需要相应地更改 Alertmanager 的配置。

6.2　日志记录

从 UNIX 早期开始，操作系统程序员就一直在向 syslog 写入诊断日志。syslog 最初存储在本地文件中，如今已经通过添加一套可扩展的服务适应了云环境。今天，典型的开源日志记录堆栈使用 Fluentd 来收集（聚合、缓存和路由）由一组组件编写的日志消息，Fluentbit 作为客户端代理运行在每个组件中，帮助开发人员规范日志消息。然后使用 ElasticSearch 来存储、搜索和分析这些消息，使用 Kibana 来显示和可视化结果。图 6-3 显示了通用的数据流，使用 Aether 的主要子系统作为日志消息的说明性来源。

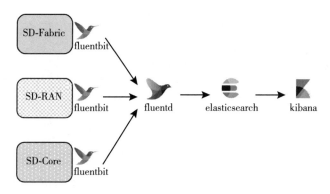

图 6-3　通过日志记录子系统的日志消息流

6.2.1　通用模式

日志记录的关键挑战是在所有组件中采用统一的消息格式，由于集成在

⊖　延伸阅读：Fluentd（https://docs.fluentd.org/）。

⊜　延伸阅读：ElasticSearch（https://www.elastic.co/elasticsearch/）。

⊜　延伸阅读：Kibana（https://www.elastic.co/kibana/）。

一个复杂系统中的各种组件往往是独立开发的，因此这一要求变得复杂起来。Fluentbit 通过支持一组过滤器来规范这些消息。这些过滤器解析由组件编写的"原始"日志信息（ASCII 字符串），并将"规范的"日志信息输出为结构化的 JSON。虽然还有其他选择，但 JSON 作为文本的可读性良好，这对于程序员进行调试来说很重要，同时也得到了很多工具的良好支持。

例如，SD-Fabric 组件的开发人员可能会编写如下日志消息：

```
2020-08-18 05:35:54.842Z INFO [DistributedP4RuntimeTableMirror]
Synchronized TABLE_ENTRY \mirror for device:leaf1: 0 removed, 2
updated, 4 added
```

Fluentbit 过滤器将其转换成如下结构：

```
{
    "time": "2020-08-18 05:35:54.842Z",
    "logLevel": "INFO", "component": "DistributedP4RuntimeTableMirror",
    "log": "Synchronized TABLE_ENTRY mirror for device:leaf1: 0
removed, 2 updated, 4 added"
}
```

这是一个简化的例子，但确实有助于说明基本想法，同时还强调了 DevOps 团队在建立管理平台时面临的挑战，即为整个系统决定一套有意义的键值对。换句话说，必须为这些结构化的日志信息定义通用模式。Elastic 通用模式 ⊖ 是一个很好的开始，除此之外，还有必要建立一套公认的日志级别，以及使用每个级别的惯例。例如，在 Aether 中，日志级别是 FATAL、ERROR、WARNING、INFO 以及 DEBUG。

⊖ 延伸阅读：Elastic Common Schema（https://www.elastic.co/guide/en/ecs/current/index.html）。

6.2.2 最佳实践

当然，除非所有的组件写入日志部分都经过适当的检查，否则建立一个共享日志记录平台毫无价值。编程语言通常带有用于写日志消息的库（例如 Java 的 log4j），但这只是一个开始。只有当组件遵循以下最佳实践时，日志记录才是最有效的。

- **日志传送由平台处理**。组件应该假设 stdout/stderr 被 Fluentbit（或类似工具）采集到日志记录系统中，并避免通过尝试路由自己的日志使工作变得更复杂。管理平台无法控制的外部服务和硬件设备是个例外。在部署过程中必须确定这些系统如何将其日志发送到日志聚合器。

- **文件日志记录应该被禁止**。将日志文件直接写入容器的分层文件系统被证明是 I/O 效率低下的，并可能成为性能瓶颈。如果日志也被发送到 stdout/stderr，通常也没有必要这样做。一般情况下，当组件在容器环境中运行时，不鼓励将日志记录到文件中。相反，组件应该将所有日志流式传输到收集系统中。

- **鼓励使用异步日志记录**。在可扩展环境中，同步日志记录可能会成为性能瓶颈，组件应该异步写入日志。

- **时间戳应该由程序的日志记录器创建**。组件应该使用选定的日志记录库来创建时间戳，并且在日志记录框架所允许的范围内使用尽可能精确的时间戳。由采集或日志记录处理程序记录时戳可能会比较慢，在接收时创建时间戳也可能会产生延迟，从而导致在日志记录聚合之后在多个服务之间对齐事件时产生问题。

- **必须能够在不中断服务的情况下更改日志级别**。组件应该提供在启动时设置日志级别的机制，以及允许在运行时更改日志级别的 API。基于特定子系统确定日志级别的范围是一个有用的特性，但不是必需的。当一个组件由一组微服务实现时，日志配置只需应用于一个实例就可以应用于所有实例。

6.3　分布式跟踪

执行跟踪是遥测数据的第三个来源。在云环境中跟踪调用链具有挑战性，因为它涉及跨多个微服务跟踪每个用户发起的请求控制流。好消息是，可以通过激活微服务底层语言运行时系统的分布式跟踪支持功能（通常在 RPC stub 中），而不需要应用开发人员在上层代码中显示编码来支持分布式跟踪功能。

一般模式类似于我们已经看到的指标和日志：运行的代码增强以生成跟踪数据，然后收集、聚合、存储并可供展示和分析。它们的主要区别在于我们想要收集的数据类型，对于跟踪来说，通常是指从一个模块到另一个模块的 API 调用序列。这些数据为我们提供了重建调用链所需的信息。原则上，我们可以利用日志记录系统来支持跟踪，只需要记录必要的跨接口调用信息，但这是一个专门的用例，可以保证拥有自己的词汇、抽象和机制。

从宏观上来看，跟踪描述了在系统中运行的事务。它由一系列 span（每个 span 表示在服务中完成的工作）和一组 span 上下文（每个 span 上下文表示通过网络从一个服务到另一个服务的状态）交织组成。图 6-4 中显示了一个跟踪示例，但抽象地讲，跟踪是一个有向图，其中节点对应于 span，而边对应于 span 上下文。节点和边都会带上时间戳，并使用有关端到端执行路径的相关数据（键 /

值标签）进行注释，包括何时运行以及运行时间。每个 span 还包括在执行过程中生成的带时间戳的日志消息，从而简化了将日志消息与跟踪相关联的过程。

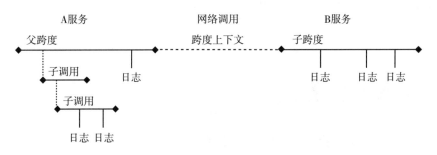

图 6-4　跨越两个网络服务的示例跟踪

同样，跟踪数据与指标和日志数据一样，它的细节很重要，这些细节是由一个商定的数据模型来定义。OpenTelemetry[⊖] 项目现在正在定义一个这样的模型，它建立在早期的 OpenTracing 项目（该项目又受到谷歌开发的 Dapper 分布式追踪机制的影响）的基础上。除了定义能够捕获最相关语义信息的模型这一挑战之外，还存在以下工程问题：①最小化跟踪的开销以免对应用性能产生负面影响；②从跟踪中提取足够的信息以便使收集的信息变得有价值。采样是一种被广泛采用的技术，被引入数据收集流水线中用以对上述两种目标进行权衡。这些挑战使得对于分布式跟踪的研究还在继续，我们可以期待模型定义和采样技术在可预见的未来不断发展和成熟。

就追踪工具而言，Jaeger 是一个被广泛使用的开源跟踪工具，最初由 Uber

⊖　延伸阅读：B. Sigelman, et al. Dapper, a Large-Scale Distributed Systems Tracing Infrastructure. Google Technical Report. April 2010.
OpenTelemetry（https://opentelemetry.io/）。
Jaeger（https://www.jaegertracing.io/）。

开发（Jaeger 当前不包含在 Aether 中，但在前身 ONF 边缘云中使用）。Jaeger 包含了用于实现应用程序增强的指令、（跟踪数据）收集器、（跟踪数据）存储，以及用于诊断性能问题并进行根因分析的查询语言。

6.4　集成的仪表盘

通过增强代码生成指标、日志和跟踪数据，收集有关系统健康状况的大量数据成为可能。但是，只有在正确的时间（需要采取行动的时候）将正确的数据展示给正确的人（有能力采取行动的人）时，这种工具才有用。创建有用的面板并将其组织成直观的仪表盘是解决方案的一部分，但跨管理平台的子系统集成信息也是必要的。

统一所有这些数据是 6.5 节中提到的 OpenTelemetry 等项目持续努力的最终目标，但我们也有机会使用本章描述的工具来更好地将数据集成。本节重点介绍两种常用的集成策略。

首先，Kibana 和 Grafana 都可以配置并展示来自多个来源的遥测数据。例如，可以直接在 Kibana 中集成日志和跟踪。我们首先将跟踪数据存储到 ElasticSearch 中，然后通过 Kibana 进行查询。类似地，在已收集的指标的上下文中，如果有一种方便的方式来查看与特定组件相关联的日志数据将是很有用的，因为我们可以做关联分析。这很容易实现，我们可以配置 Grafana 展示来自 ElasticSearch 的数据，就像展示来自 Prometheus 的数据一样简单，因为两者都是可以查询的数据源。我们可以创建包含一组选定的日志消息的 Grafana 仪表盘，类似于图 6-5 所示的来自 Aether 的消息。在这个例子中，我们看到与 SD-Core 的 UPF 子组件相关联的 INFO 级消息，扩充了图 6-2 所示的 UPF 性能数据。

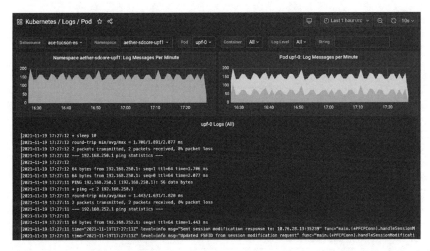

图 6-5　在 Grafana 仪表盘中展示与 SD-Core 的 UPF 元素相关联的日志消息

其次，第 5 章中介绍的运行时控制接口提供了一种修改运行中系统各种参数的方法，但访问所需的数据以了解需要进行哪些变更（如果有的话）是做出明智决策的前提条件。为此，理想做法是在一个综合仪表盘上既能访问"按钮"又能访问"仪表盘"。可以通过在运行时控制 GUI 中集成 Grafana 框架来实现，它以最简单的形式显示一组与底层数据模型中的字段相对应的 Web 表单（更复杂的控制面板当然也是可能的）。

例如，图 6-6 显示了一组虚构的 Aether 站点的当前设备组，单击 Edit 按钮将弹出一个 Web 表单，该表单允许企业 IT 管理员修改设备组模型的相应字段（未展示），单击 Monitor 按钮将弹出类似于图 6-7 所示的 Grafana 生成的框架。原则上，该框架被定制为仅显示与所选对象关联的最相关信息。

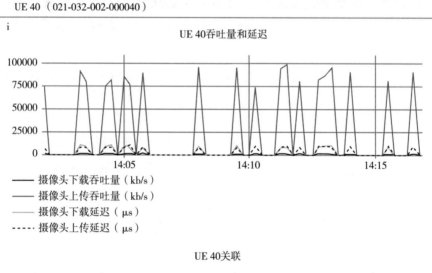

图 6-6　示例控制仪表盘展示的一组虚构 Aether 站点定义的设备组

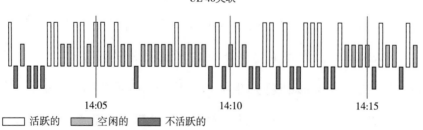

图 6-7　与选定设备组关联的示例监控图表

6.5　可观测性

知道要收集哪些遥测数据，以便在需要的时候获得准确的信息，同时又不会对系统性能产生负面影响，这是一个难题。可观测性是一个相对较新的术语，被用来描述这个通用的问题空间，虽然这个术语被认为是最新的市场流行语（确实如此），但也可以被解释为所有好的系统都渴望的一个"特性"，与可扩展性、可靠性、可用性、安全性、易用性等并列。可观测性是系统的质量控制系统，它使有关系统内部操作的过程可视化，从而可以让运维人员做出明智的管理和控制决策。它已成为创新的沃土，因此我们以两个可能在不久的将来成为普遍现象的例子来结束本章。

第一个是带内网络遥测（Inband Network Telemetry，INT），它利用可编程交换硬件的优势，能够在数据包流经网络时，向运维人员提供关于数据包如何被"带内"处理的新方法。这与依赖硬连线到固定功能网络设备中的预定义计数器集合或仅检查数据包的抽样子集形成对比。由于 Aether 使用可编程交换机作为其基于 SDN 的交换网络的基础，因此能够使用 INT 作为第四类遥测数据，并以此对流量模式和网络故障的根因提供定性且深入的洞察。

例如，INT 已经被用来测量和记录单个数据包在沿着端到端路径穿越一系列交换机时所经历的排队延迟，从而有可能检测到微突发（以毫秒甚至亚毫秒的时间尺度上测量的排队延迟）。甚至有可能将这一信息与遵循不同路径的数据包流关联在一起，以确定哪些流共享了每个交换机上的缓冲区容量。作为另一个例子，INT 已经被用来记录指导数据包如何传输的决策过程，即在端到端路径上的每个交换机都应用了哪些转发规则。这为使用 INT 来验证数据平面是否忠实执行了网络运维人员所期望的转发行为提供了方便。关于 INT 的更多信息，请参考我们的 SDN 配套书籍 ⊖。

第二个是第 1 章中提到的服务网格。像 Istio 这样的服务网格框架提供了一种通过在微服务之间注入"观察 / 执行点"来提供一种在云原生应用中执行细粒度安全策略和收集遥测数据的手段。这些注入点被称为边车（sidecar），通常由一个容器来实现，该容器与实现微服务的容器一起运行，从服务 A 到服务 B 的所有 RPC 调用都要通过它们关联的边车。如图 6-8 所示，这些边车实现了运维人员想要对应用施加的策略，并将遥测数据发送到全局收集器，从全局策略引擎接收安全指令。

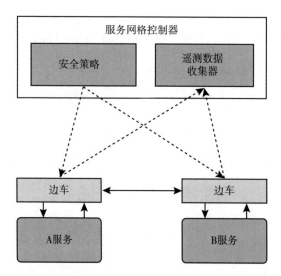

图 6-8　服务网格框架概述，边车拦截服务 A 和 B 之间的消息流。每个边车执行从中央控制器接收的安全策略，并将遥测数据发送到中央控制器

⊖　延伸阅读：L. Peterson, et al. Software-Defined Networking: A Systems Approach. November 2021。

从可观测性的角度来看，边车可以被编程以记录运维人员想要收集的任何信息，原则上它们甚至可以根据条件进行动态更新。这为运维人员提供了一种定义系统观测方式的通用方法，而不需要依赖开发者在其服务中包含指令增强。缺点是边车给服务间的通信带来了不小的开销。基于这个原因，替代边车的方法越来越多，特别是 Cilium，它使用扩展的伯克利包过滤器（extended Berkeley Packet Filter，eBPF）在内核内而不是在边车中实现可观测性、安全性和网络数据平面功能。

关于 Istio 服务网格的更多信息，我们推荐 Calcote 和 Butcher 的书 ⊖，Cilium⊖ 项目在其网站上也有大量文档和教程可以参考。

⊖ 延伸阅读：L. Calcote and Z. Butcher Istio：Up and Running. October 2019。

⊖ 延伸阅读：Cilium：eBPF-based Networking，Observability，Security（https://cilium.io/）。

关于本书的几点说明

关于本书

本书的源代码可在 GitHub 上根据知识共享（CC BY-NC-ND 4.0）许可协议获得。欢迎社区志同道合者在相同条款下进行更正、改进、更新和提供新材料。虽然此授权并不自动授予制作衍生作品的权利，但我们非常热衷于与感兴趣的各方讨论衍生作品（如翻译）。如有兴趣，请联系 discuss@systemsapproach.org。

如果你使用了该作品，署名应包括以下版权信息：

标题：Edge Cloud Operations：A Systems Approach

作者：Larry Peterson，Scott Baker，Andy Bavier，Zack Williams，Bruce Davie

源码：https://github.com/SystemsApproach/ops

许可证：CC BY-NC-ND 4.0

阅读本书

本书是系统方法系列中的一本，其在线版本发布在 https://ops.systemsapproach.org。

要跟踪进度并接收关于新版本的通知，可以在 Meta 和 Twitter 上关注这个项目。

要阅读关于互联网发展的评论，可以关注系统方法 Substack 网站。

构建本书

要构建可以网页方式浏览的版本，首先需要下载源码：

```
$ mkdir ~/ops
$ cd ~/ops
$ git clone https://github.com/SystemsApproach/ops.git
```

构建过程存储在 Makefile 中，我们需要先安装 Python。Makefile 将创建一个虚拟环境（venv-docs），用于安装文档生成工具集，可能还需要使用系统的包管理器安装 enchant C 库，以便正常运行拼写检查器。

请运行 make html，在 _build/html 中生成 HTML。

请运行 make lint 检查格式。

执行 make spelling 检查拼写。如果有拼写正确但字典中没有的单词、名称或首字母缩写词，请添加到 dict.txt 文件中。

请运行 make 查看其他可用的输出格式。

为本书做贡献

在使用这些材料的同时，我们希望你也愿意给出回馈。如果你是开源新手，可以查看如何为开源做出贡献的指南（https://opensource.guide/how-to-contribute/）。除此之外，你将了解如何发布你希望解决的问题，以及发出 Pull Request 合并改进回到 GitHub。

如果你想投稿并正在寻找需要关注或者处理的内容，请查看 Wiki 上的当前待办事项列表。